Mine yndlings fraktaler

Bind 1
af David E. McAdams

Billeder i denne bog blev lavet ved hjælp af Fractal Forge. Fractal Forge kan downloades fra https://sourceforge.net/projects/fractalforge/.

Copyright 2021, Life is a Story Problem, LLC. Alle rettigheder forbeholdes. Ingen del af dette dokument må kopieres, reproduceres eller opbevares på nogen måde uden udtrykkeligt skriftligt samtykke fra indehaveren af ophavsretten.

Andre bøger af David E. McAdams

Farver af Papegøjer – En introduktion til begrebet farver. For førskolebørn.

Flower Colors – (på engelsk) En introduktion til begrebet farver. For førskolebørn.

Space Colors – (på engelsk) En introduktion til begrebet farver. For førskolebørn.

Shapes – (på engelsk) En introduktion til former. For førskolebørn.

Numbers – (på engelsk) En introduktion til begrebet tal. For klasse K-2.

What is Bigger Than Anything? (Infinity) – (på engelsk) En introduktion til begrebet uendelighed. For klasse 3-6.

Swing Sets (sets) – (på engelsk) En introduktion til mængdelære. For klasse 2-4.

One Penny, Two – (på engelsk) Hvis Sigs øre fordobles hver dag, hvor længe går der så før han kan købe en mørkegrøn sportsvogn? For klassetrin 3-6.

Learning With Money Activity Kit – (på engelsk) Lær store tal og tæl med over $1.000.000 i legepenge.

Mine yndlings fraktaler (Bind 1, 2) – Billedbøger med vidunderlige fraktaler præsenteret som billeder i høj opløsning. Til alle aldre.

All Math Words Dictionary - (på engelsk) En matematikordbog for elever inden for pre-algebra, algebra, geometri og pre-calculus.

De første million cifre i Pi – De første million cifre af pi. Til alle aldre.

e til en million cifre - Den første million cifre i Eulers konstant e. Til alle aldre.

Kvadratroden af 2 til en million cifre – Den første million cifre af kvadratroden af 2. For alle aldre.

De første hundrede tusinde primtal – De første hundrede tusinde primtal. Til alle aldre.

Orders of Ten – (på engelsk) En bog, der illustrerer rækkefølger på ti med prikker (1, 10, 100, … prikker). For alderen 10-15.

Geometric Nets Project Book – (på engelsk) 80 geometriske net til at kopiere, klippe ud og tape sammen til 3-dimensionelle polyedre. For 9 år og opefter.

Geometric Nets Mega Project Book – (på engelsk) 253 geometriske net til at kopiere, klippe ud og tape sammen til 3-dimensionelle polyedre. For 9 år og opefter.

For at se en opdateret liste, se www.DEMcAdams.com.

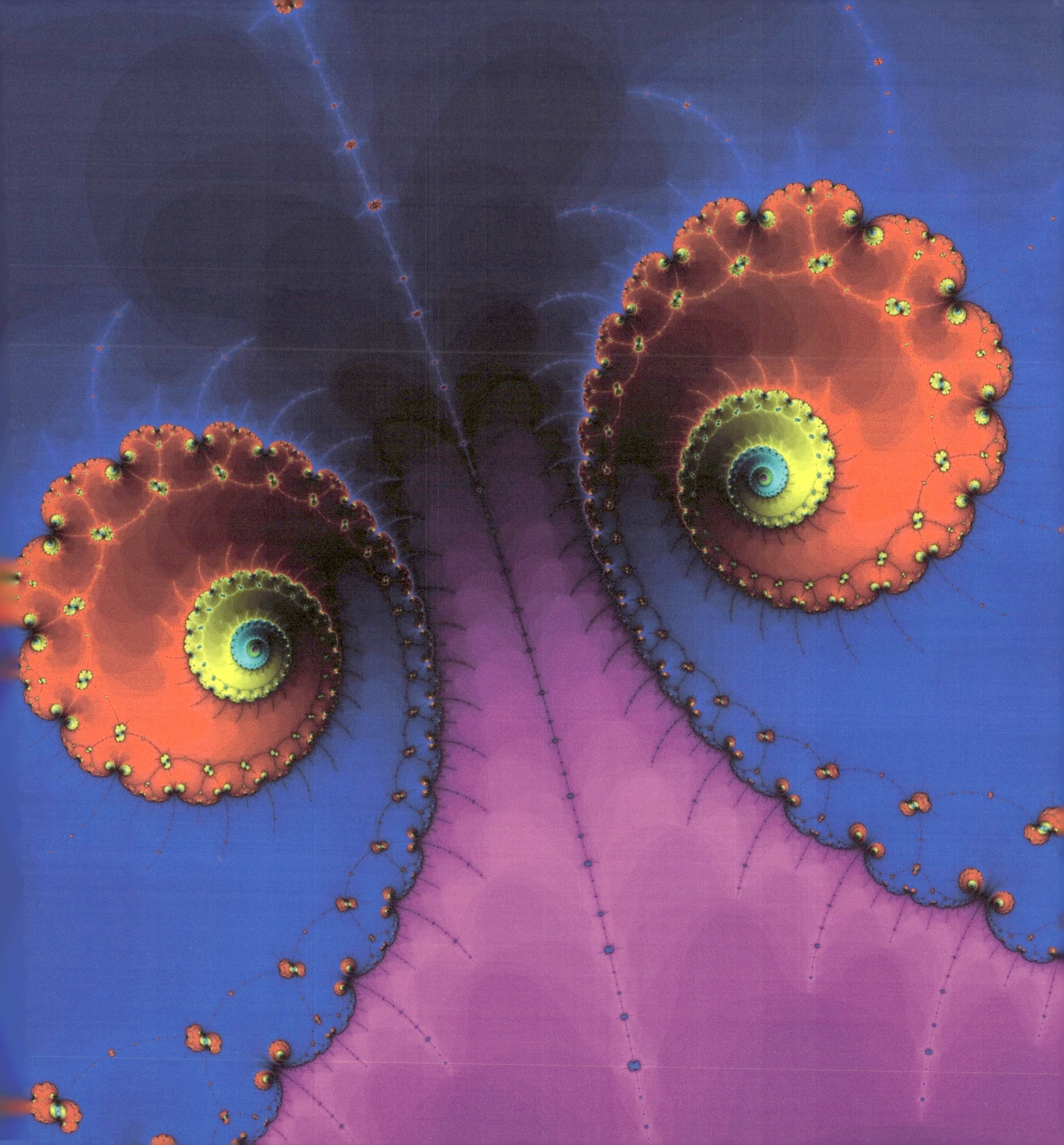

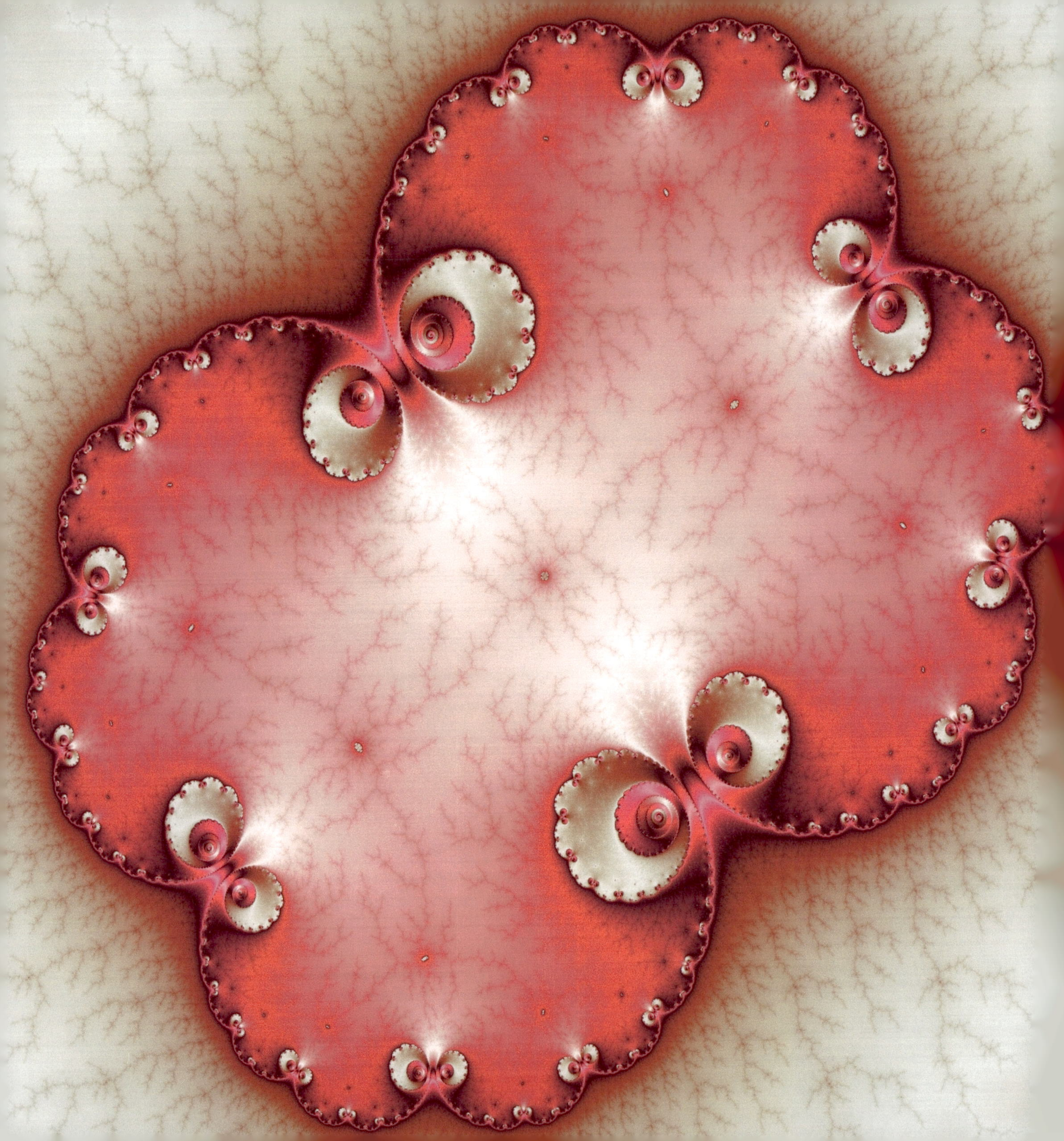

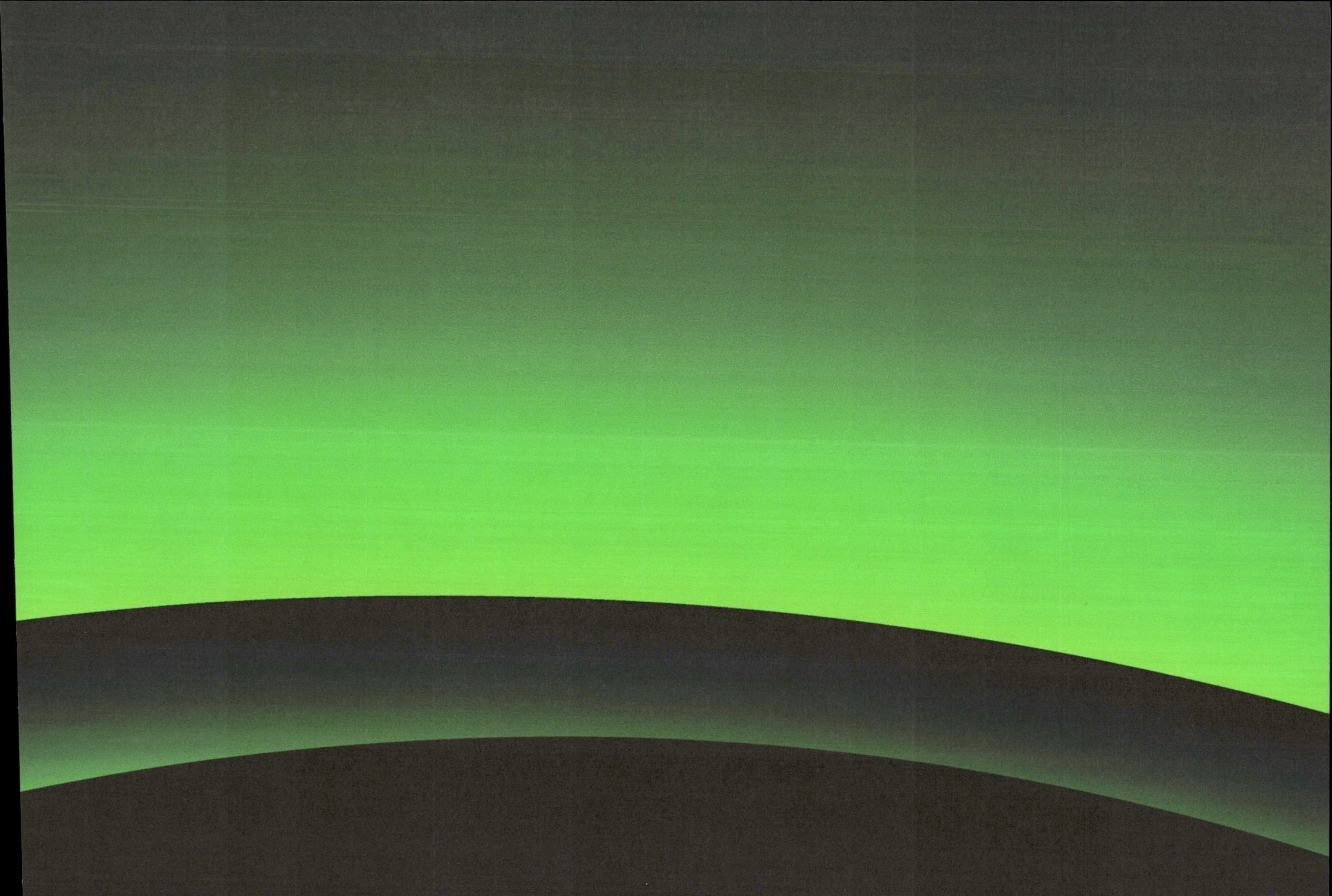

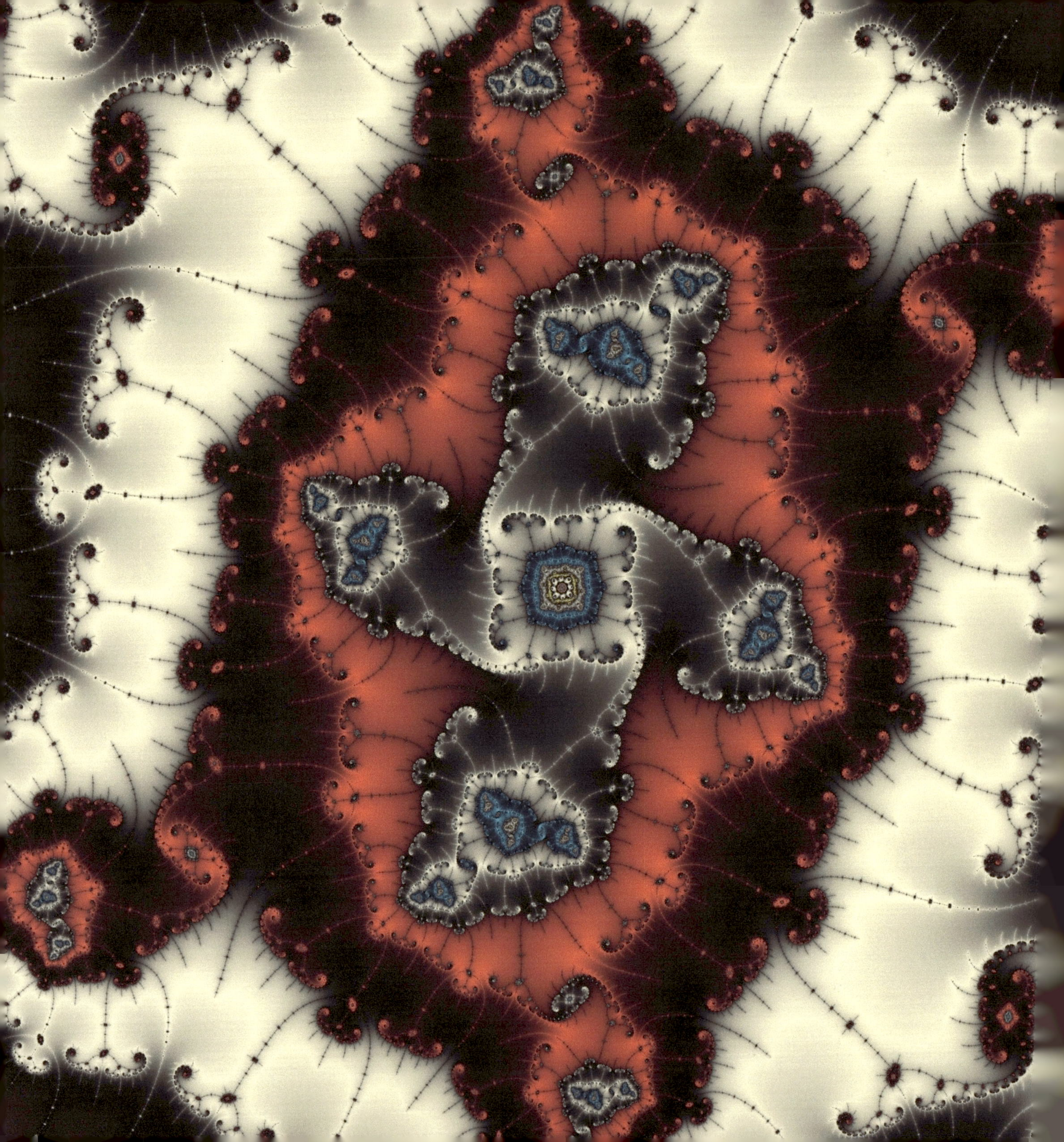

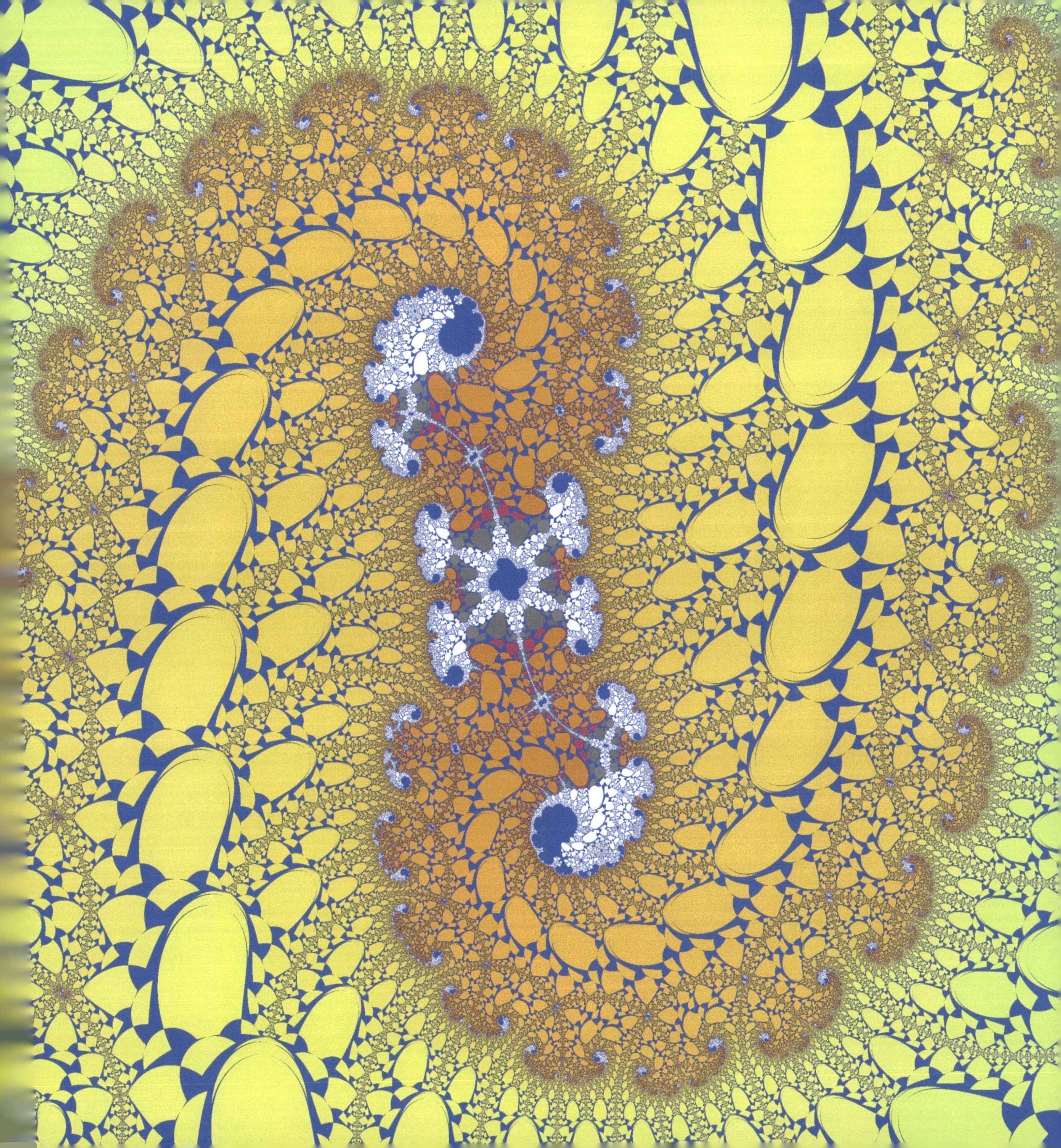

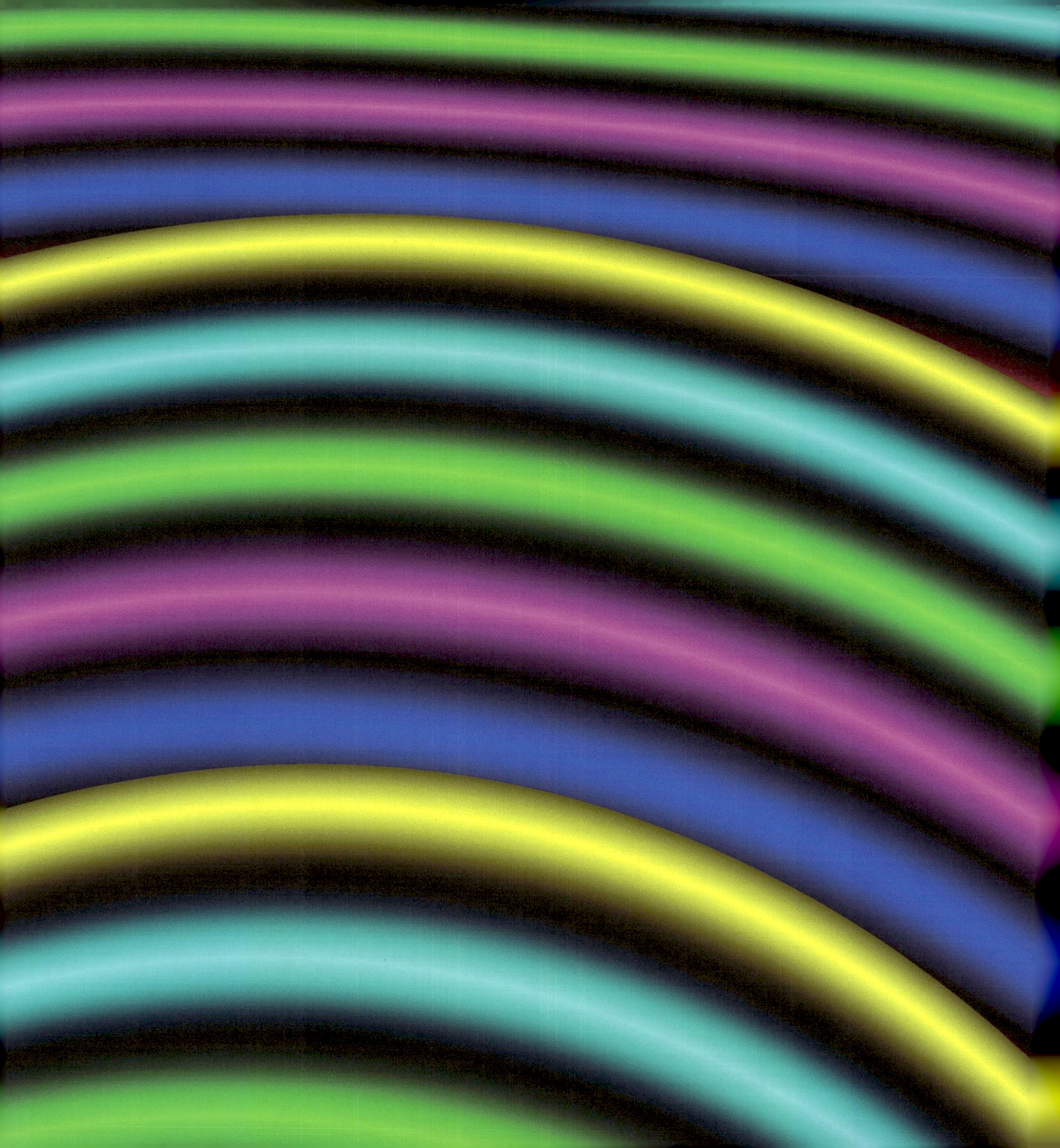

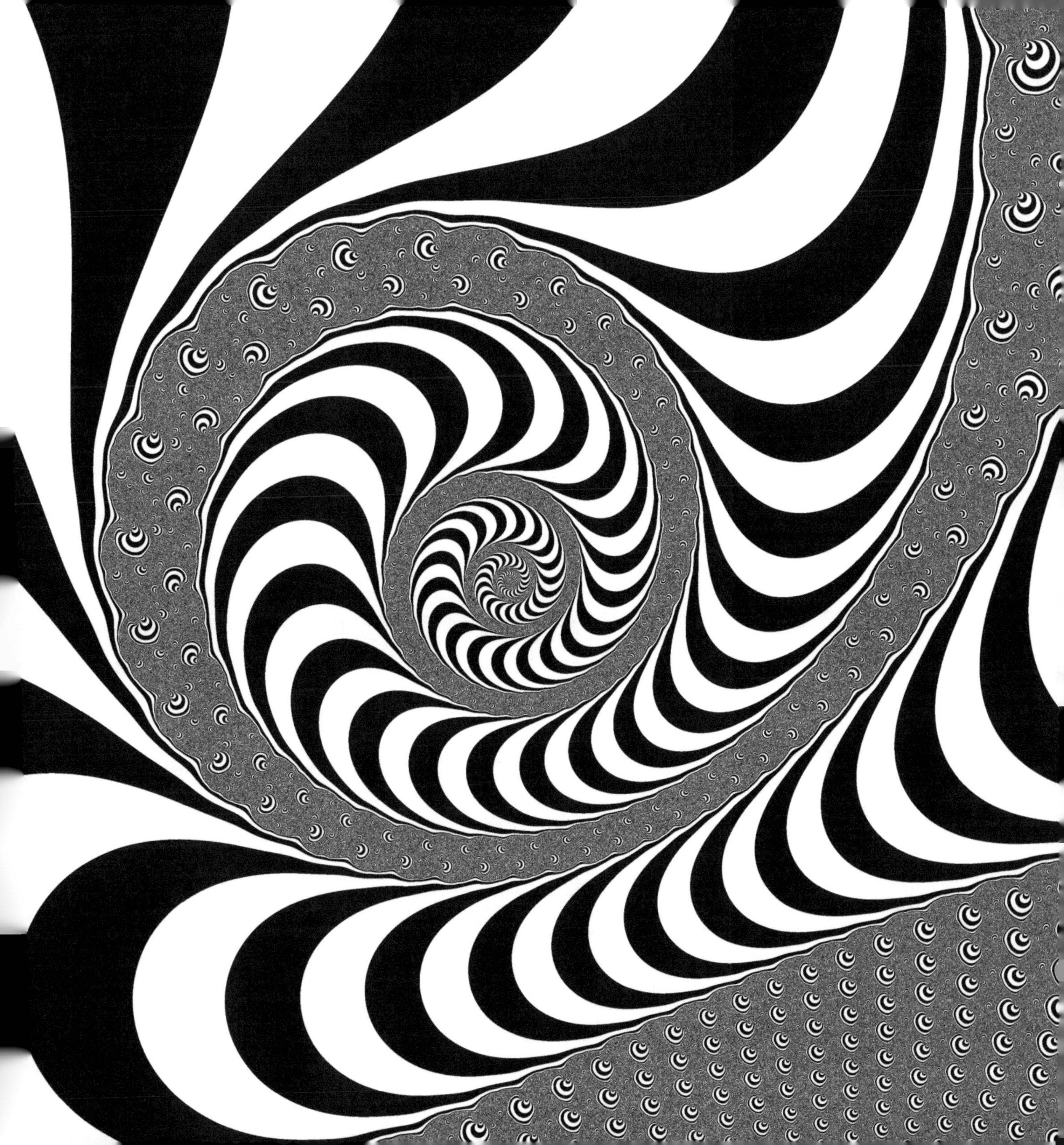

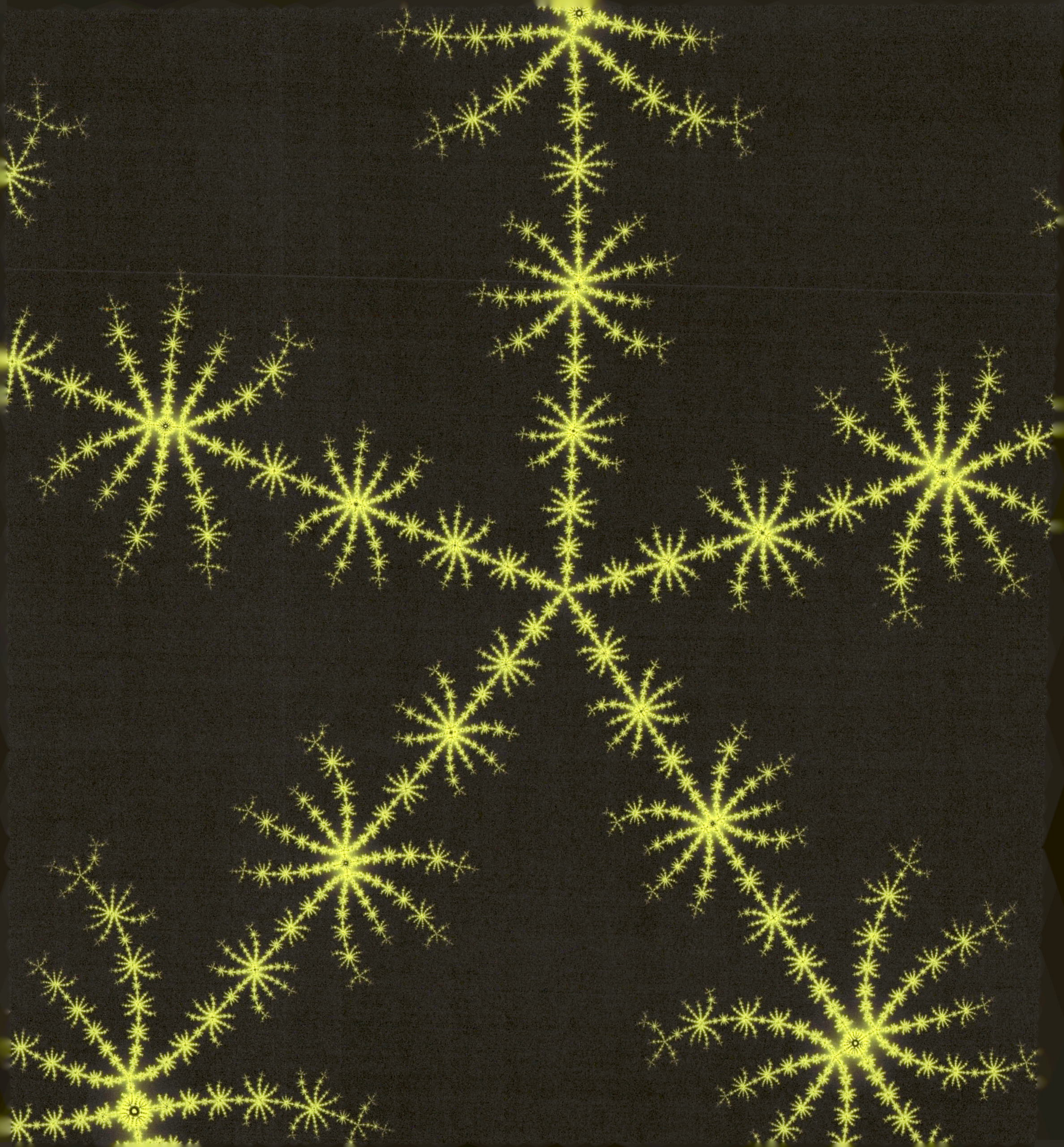

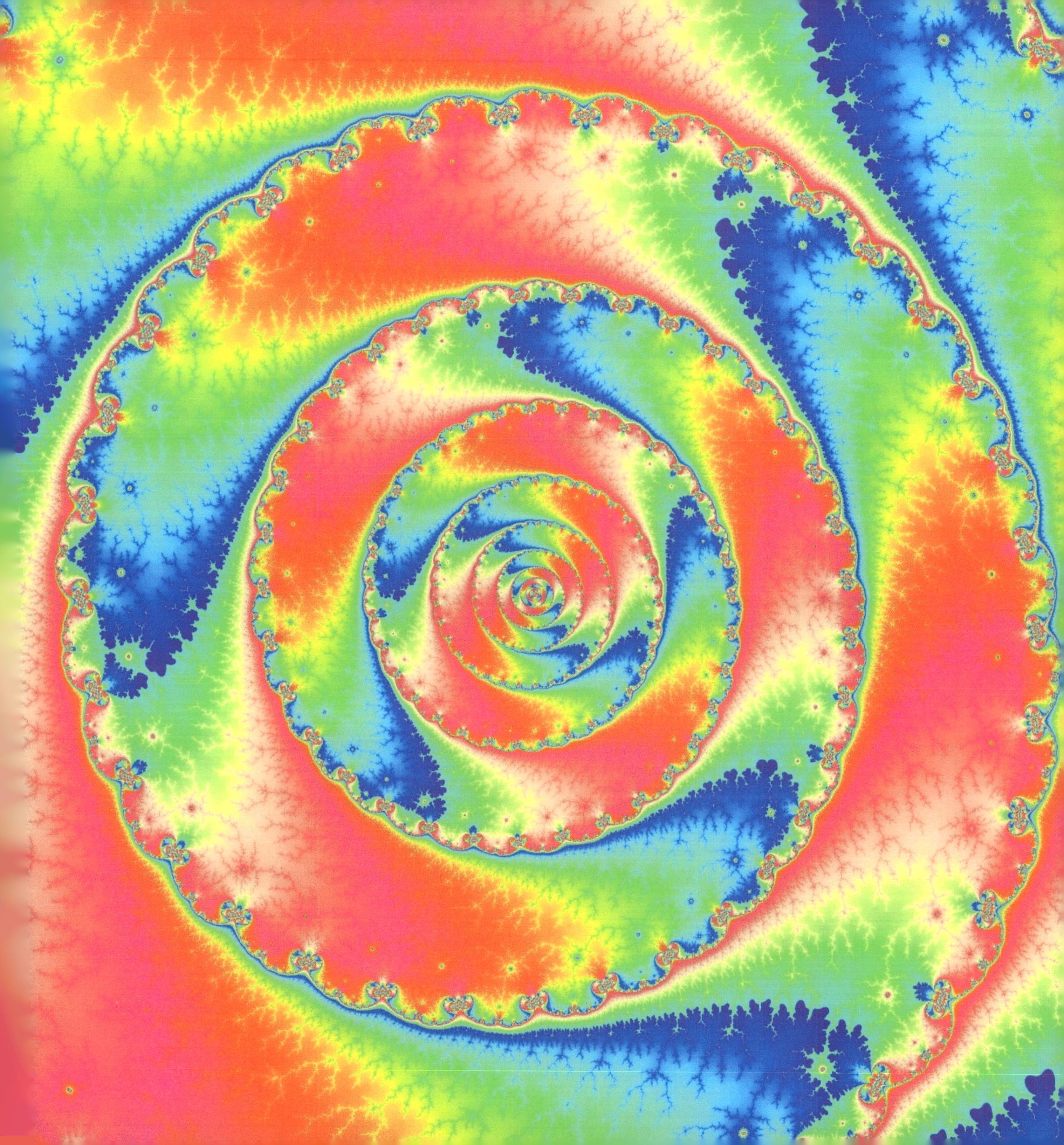

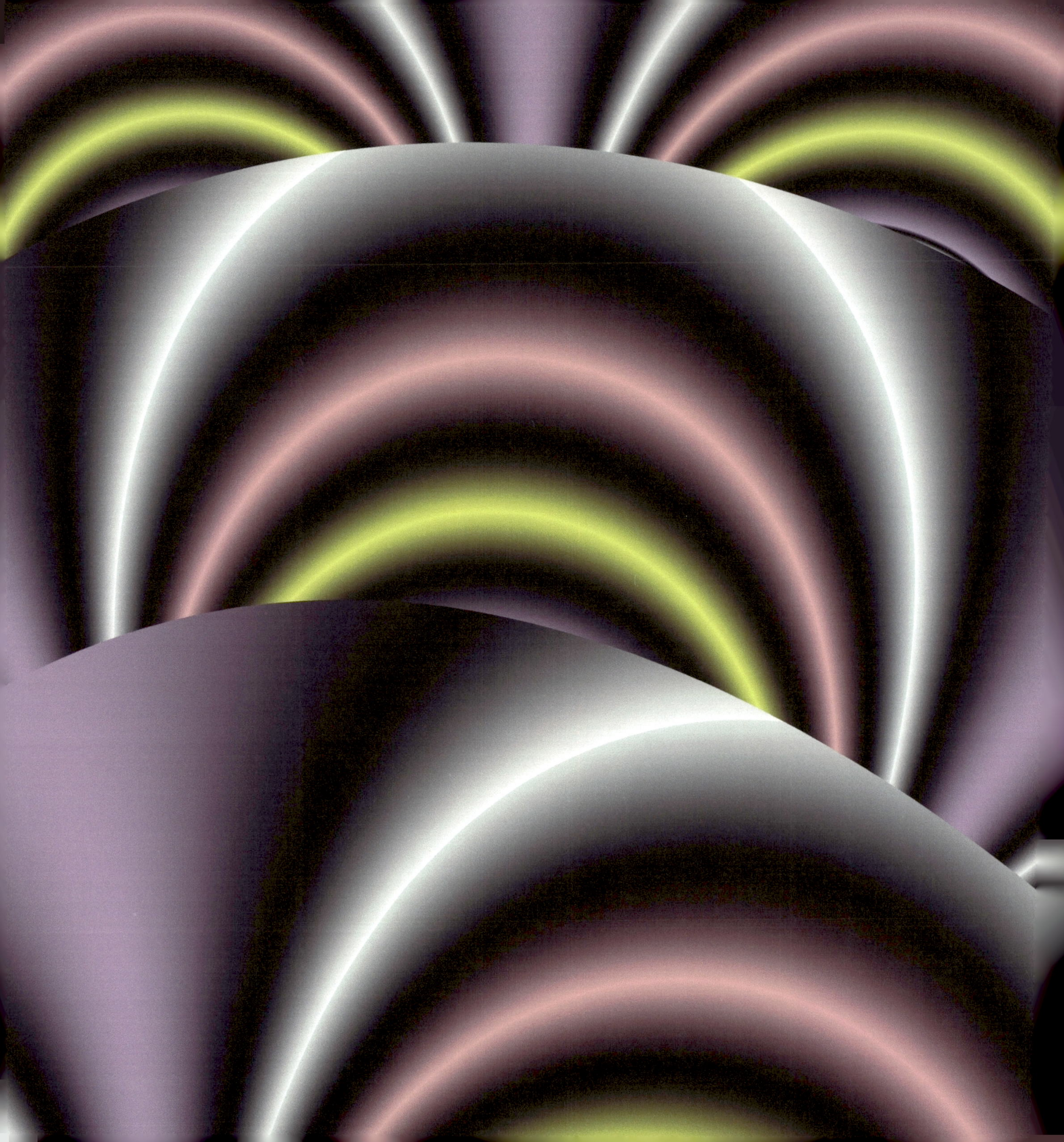

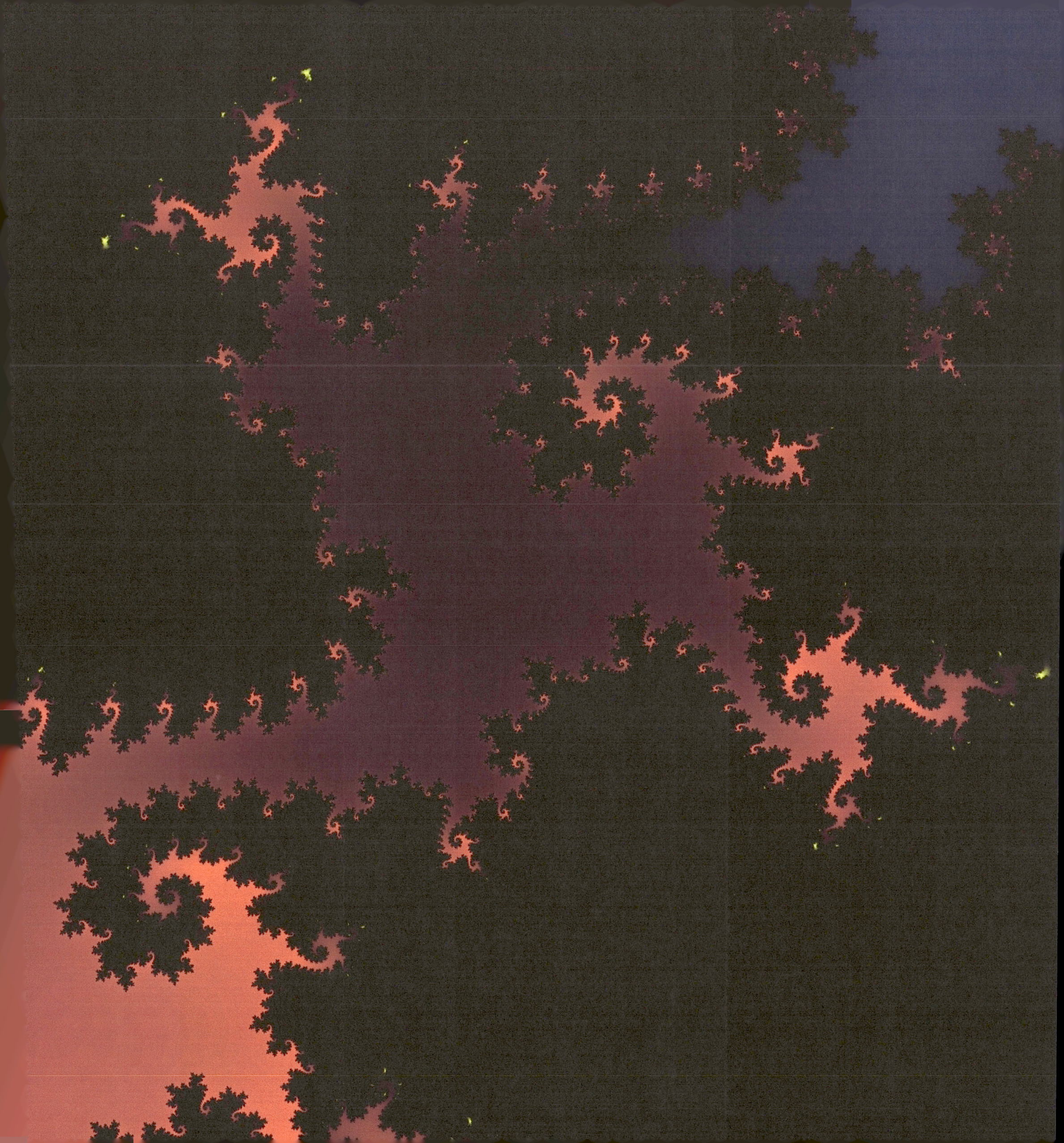

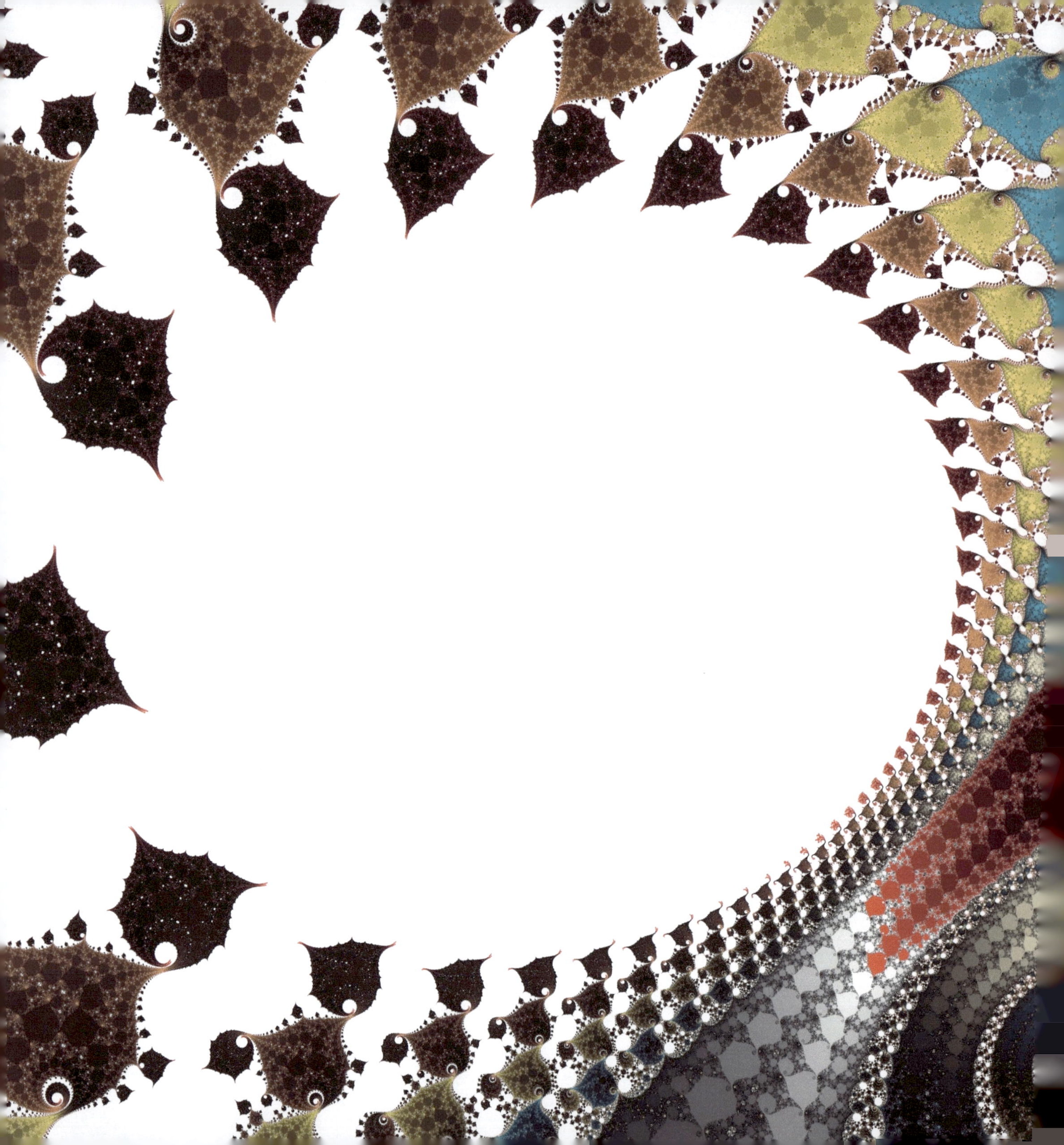

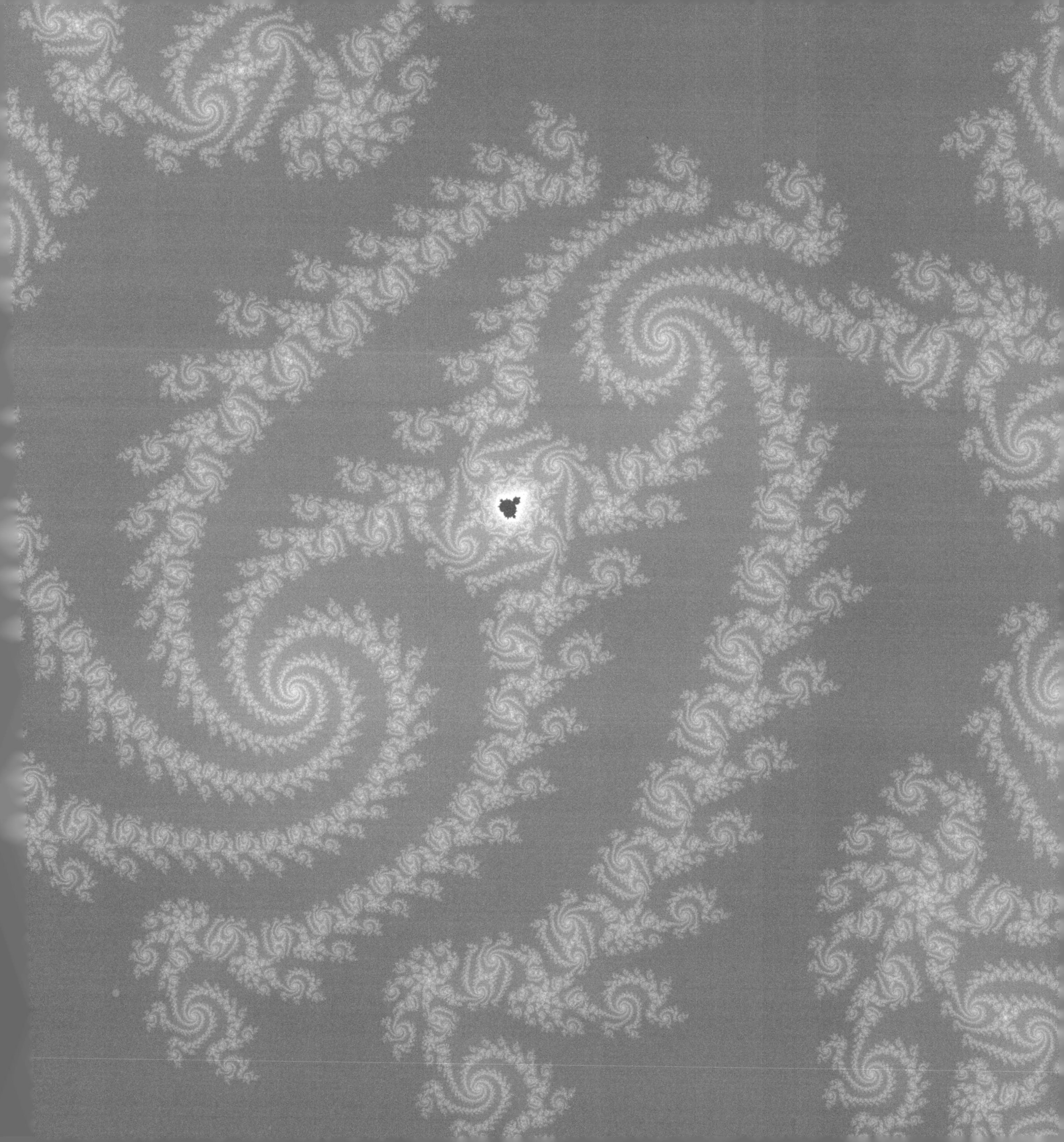

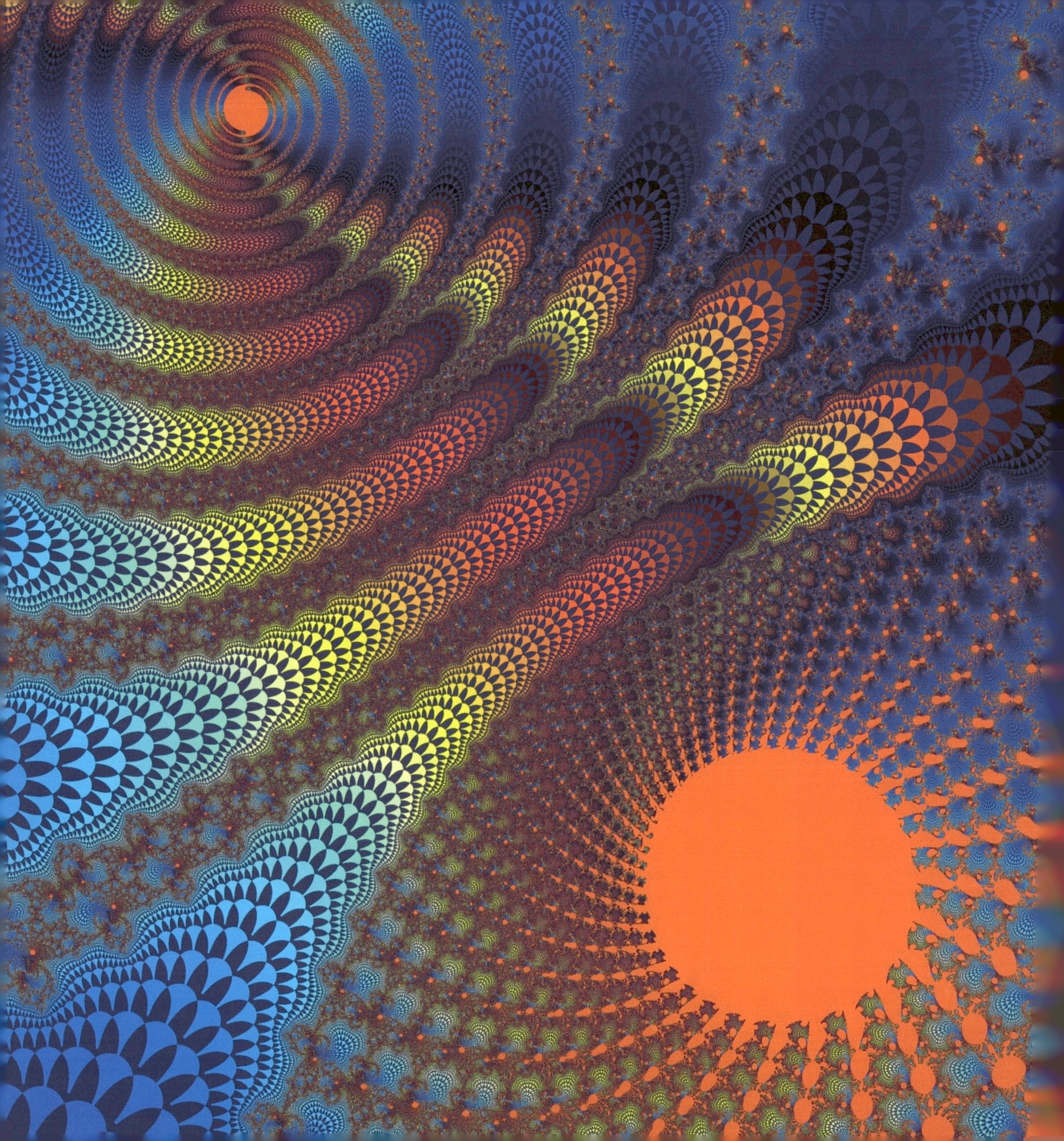

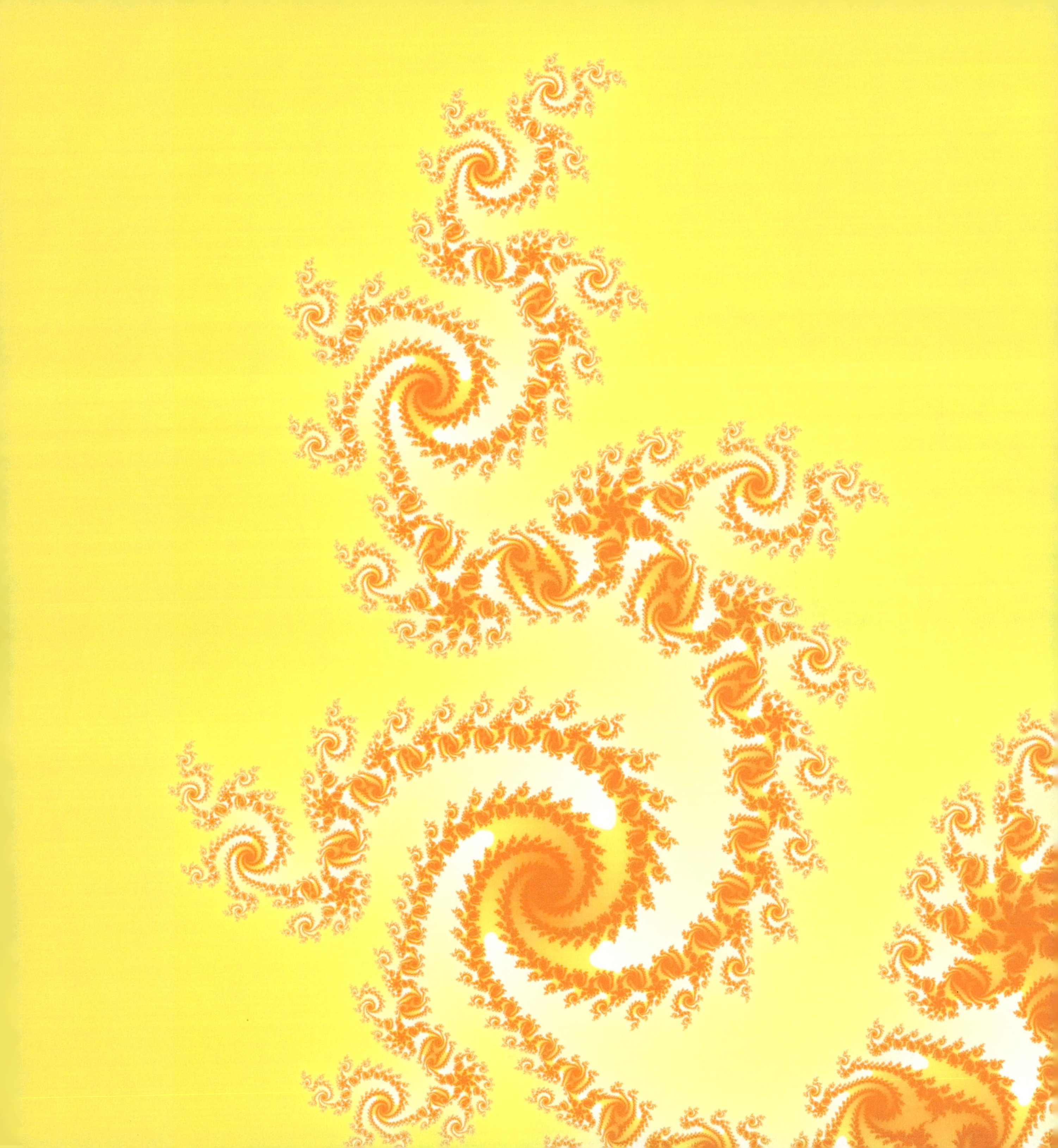

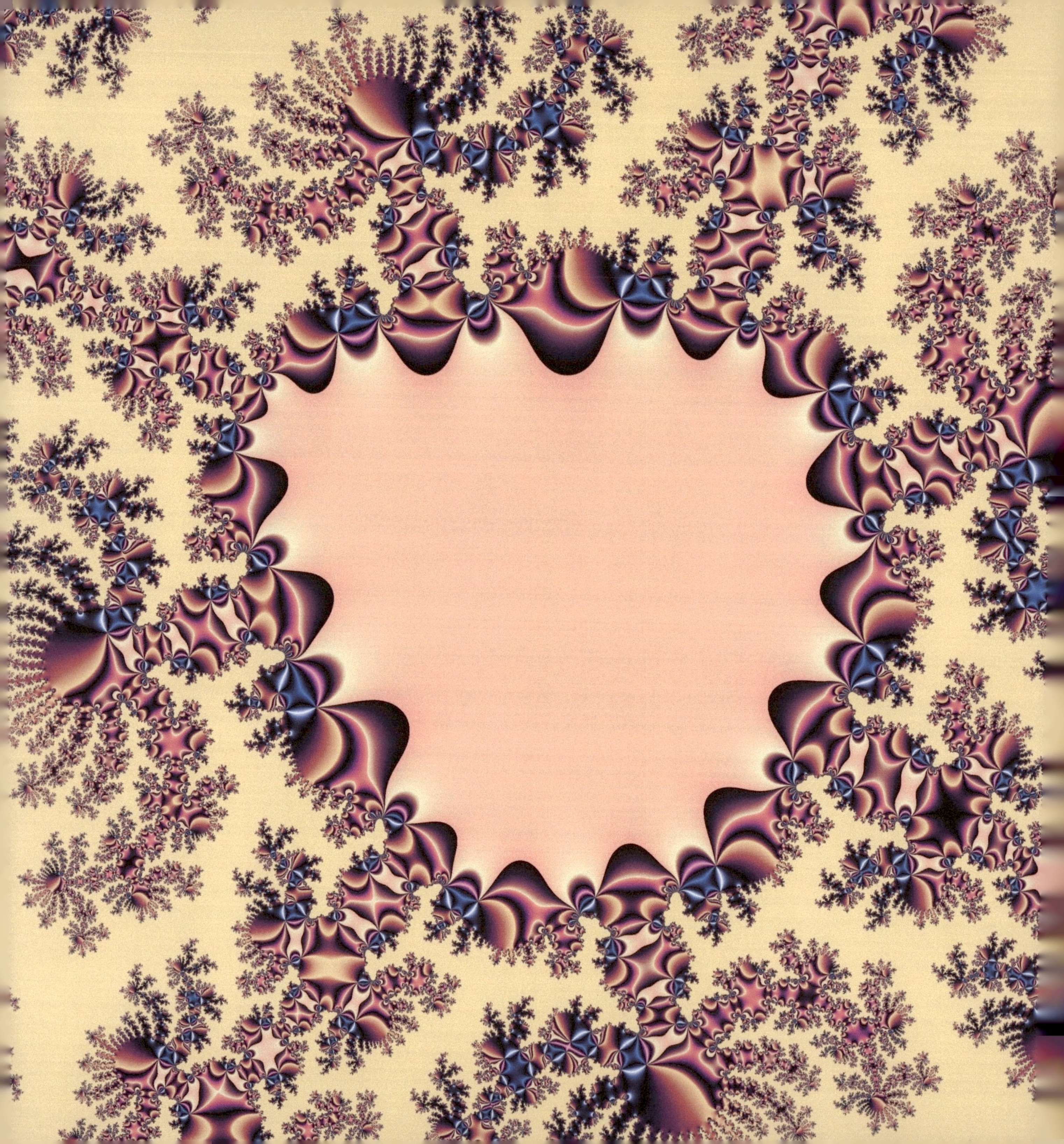

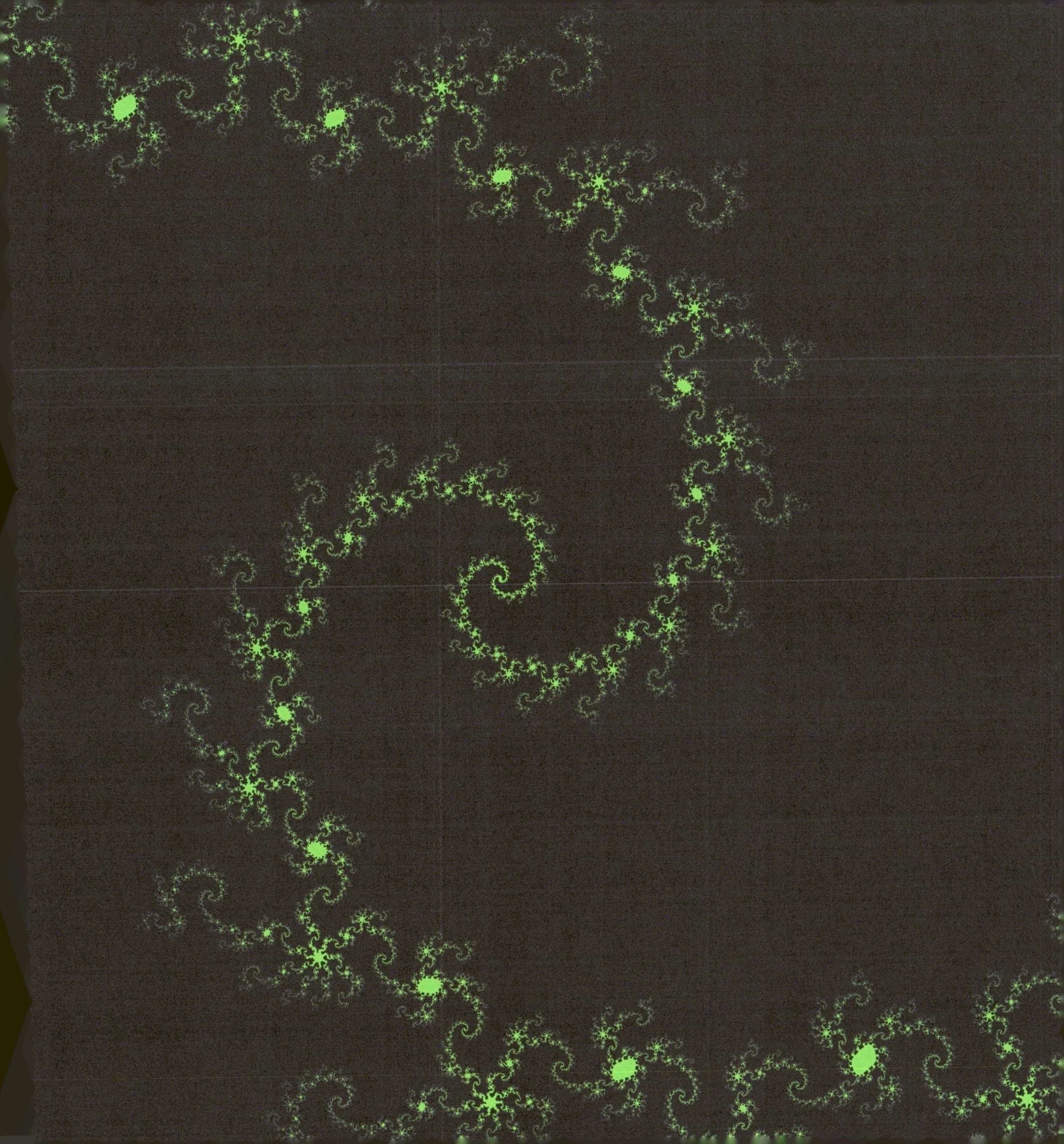

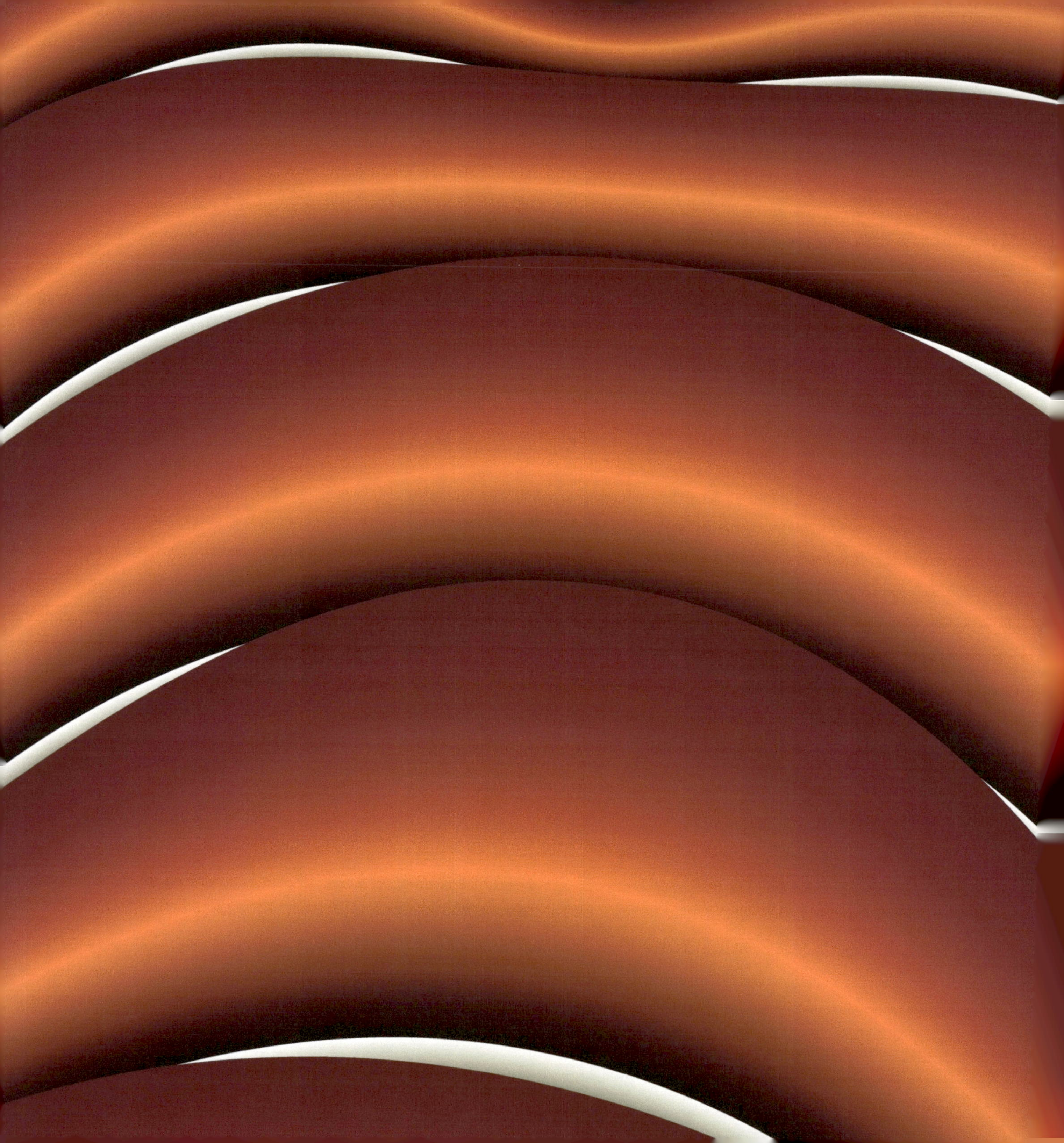

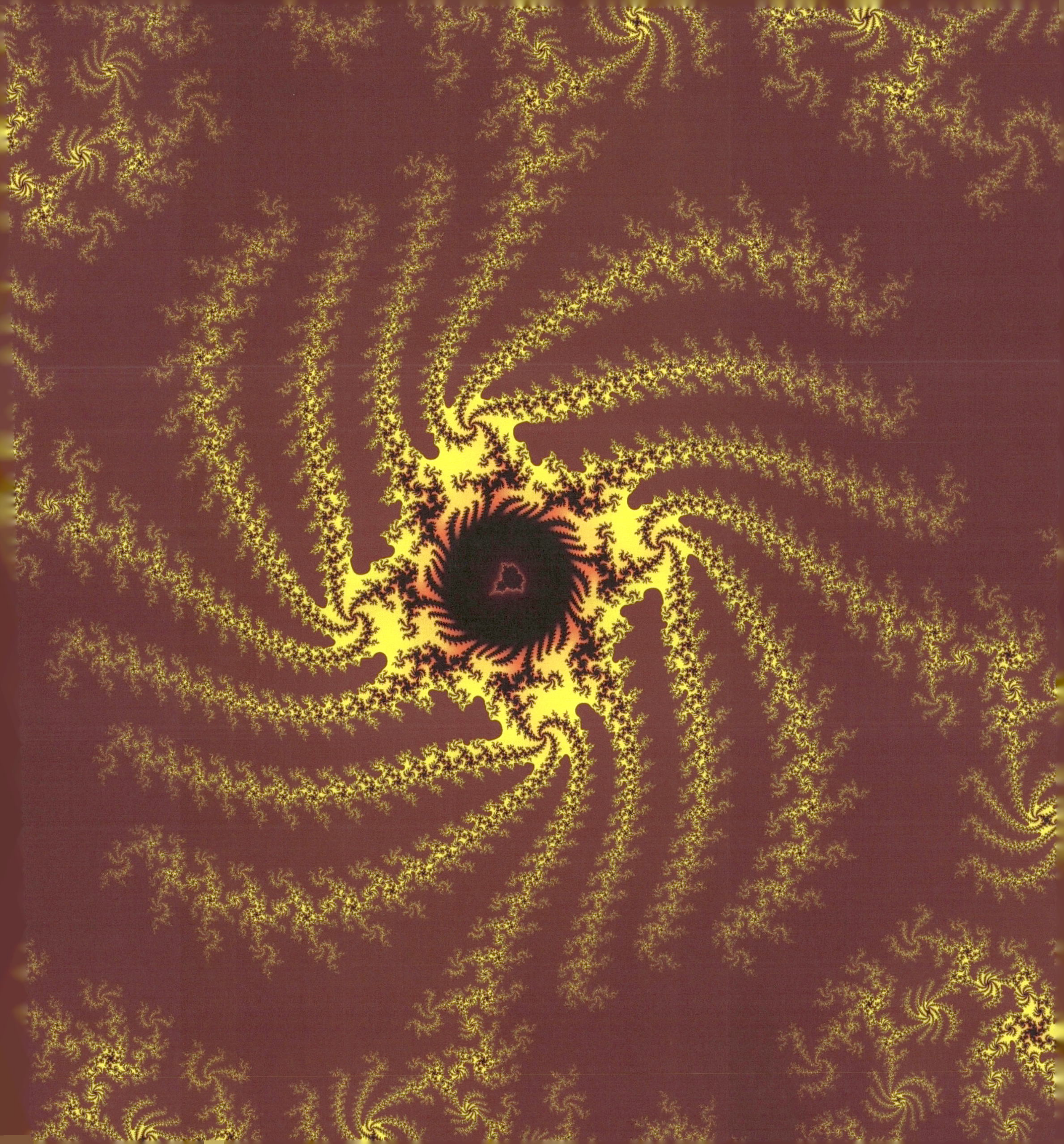

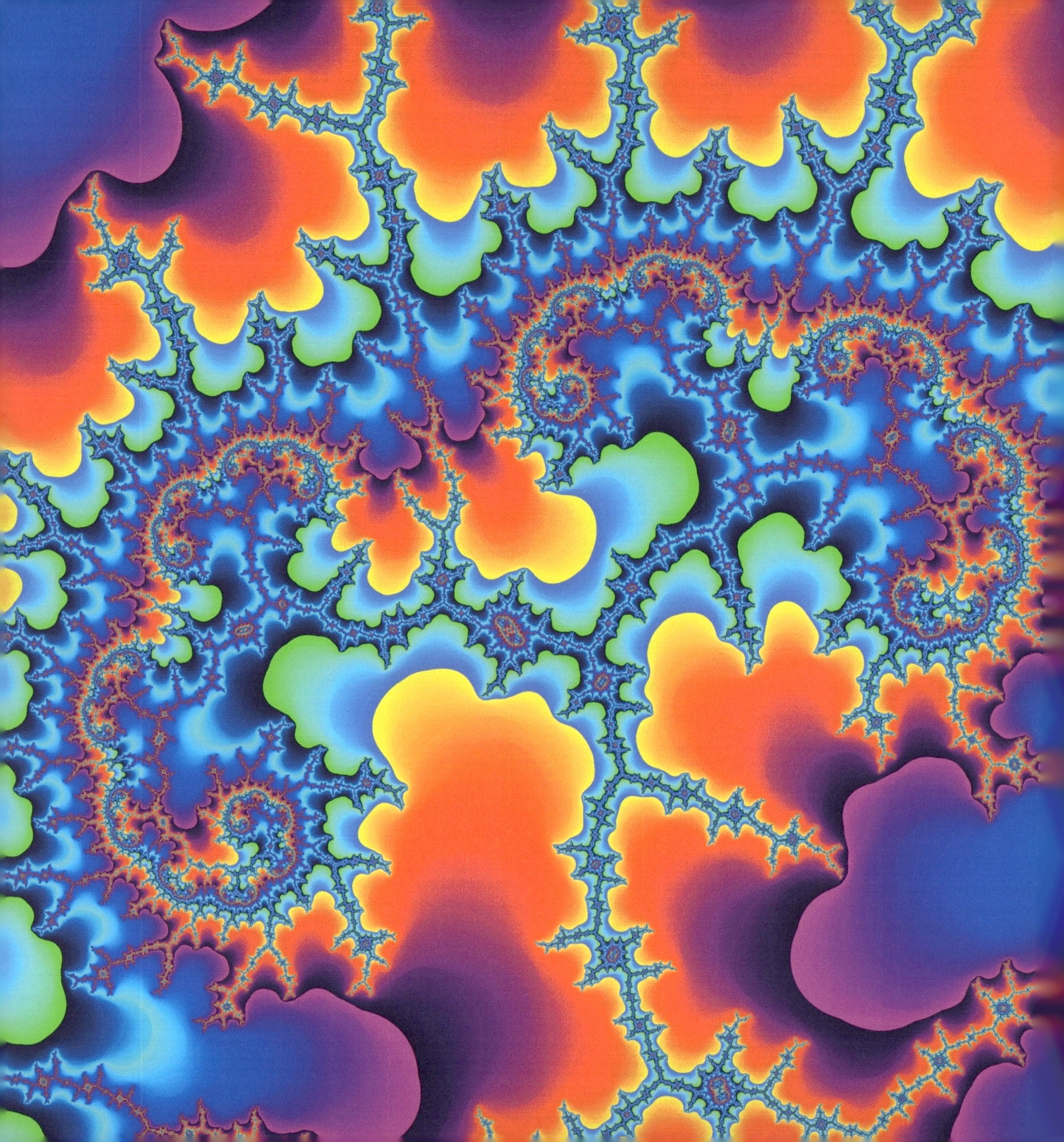

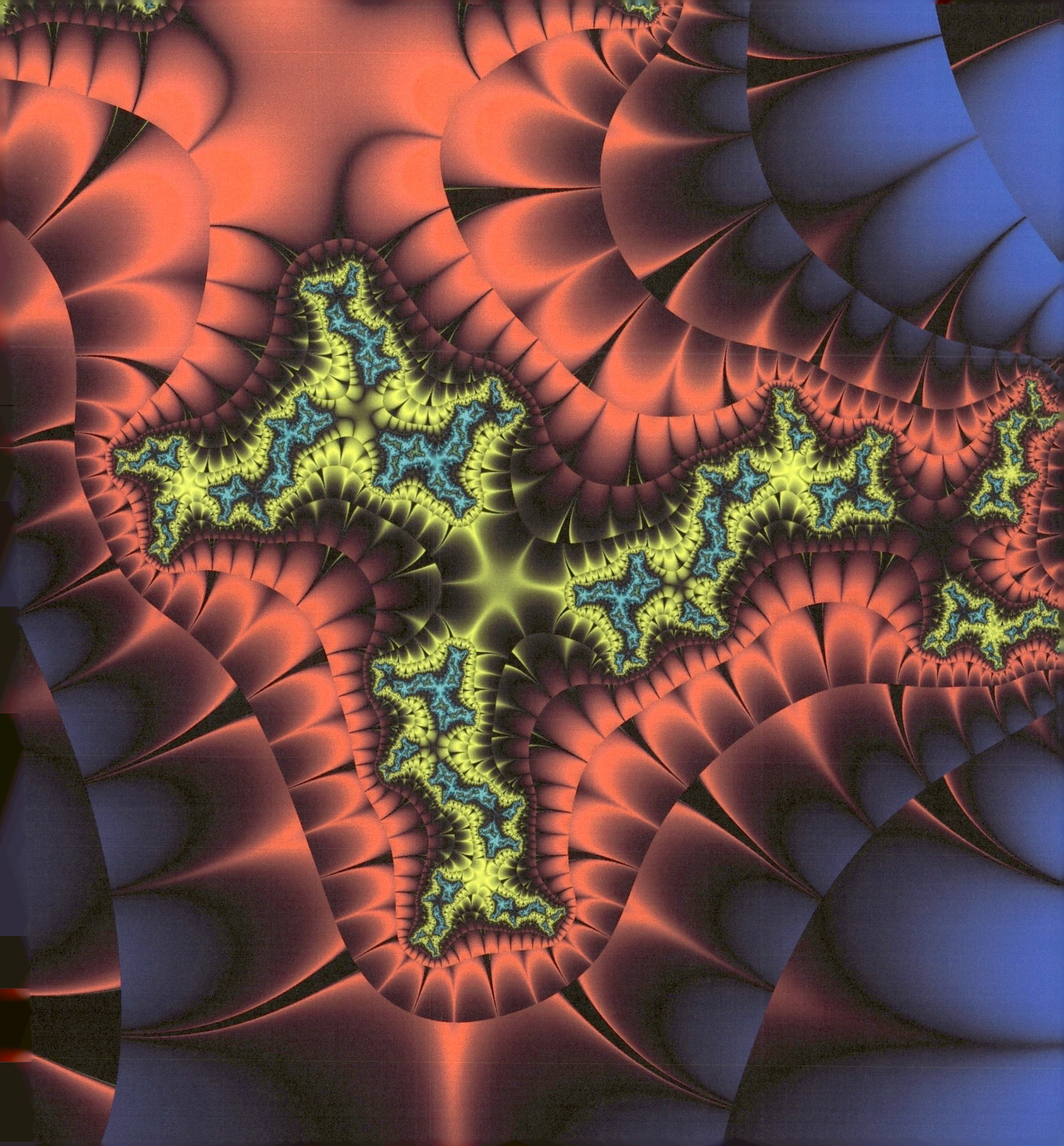

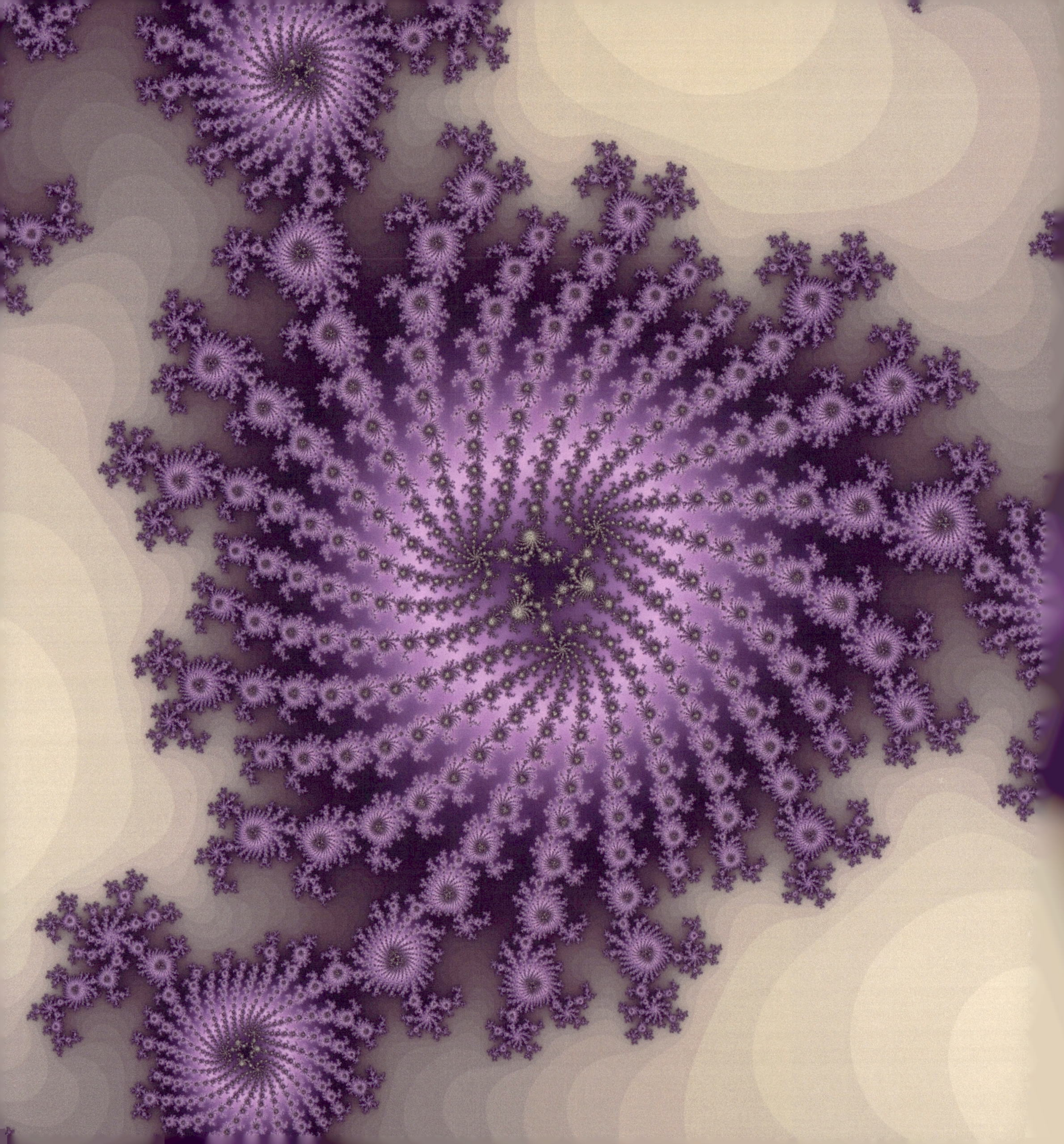

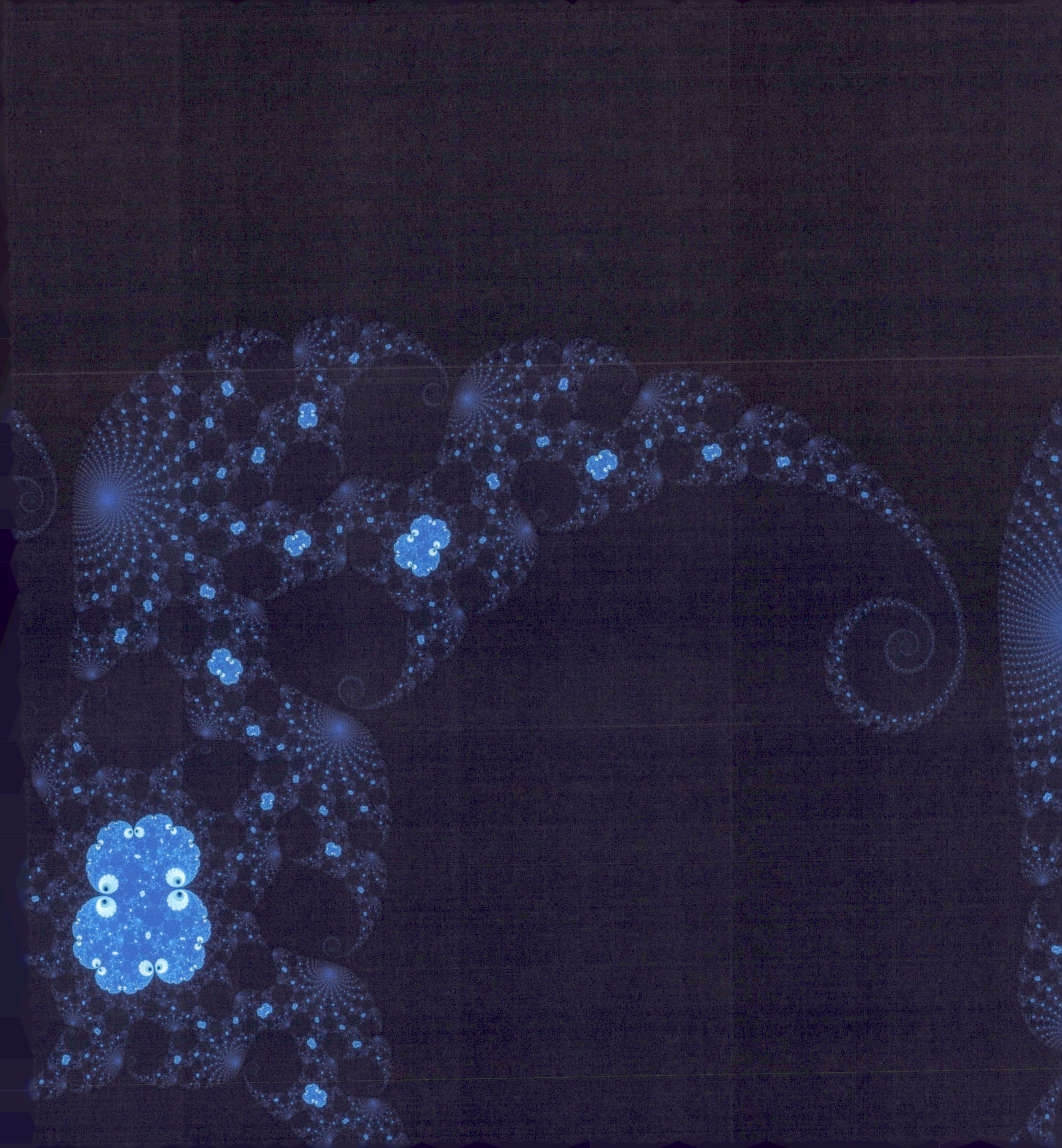

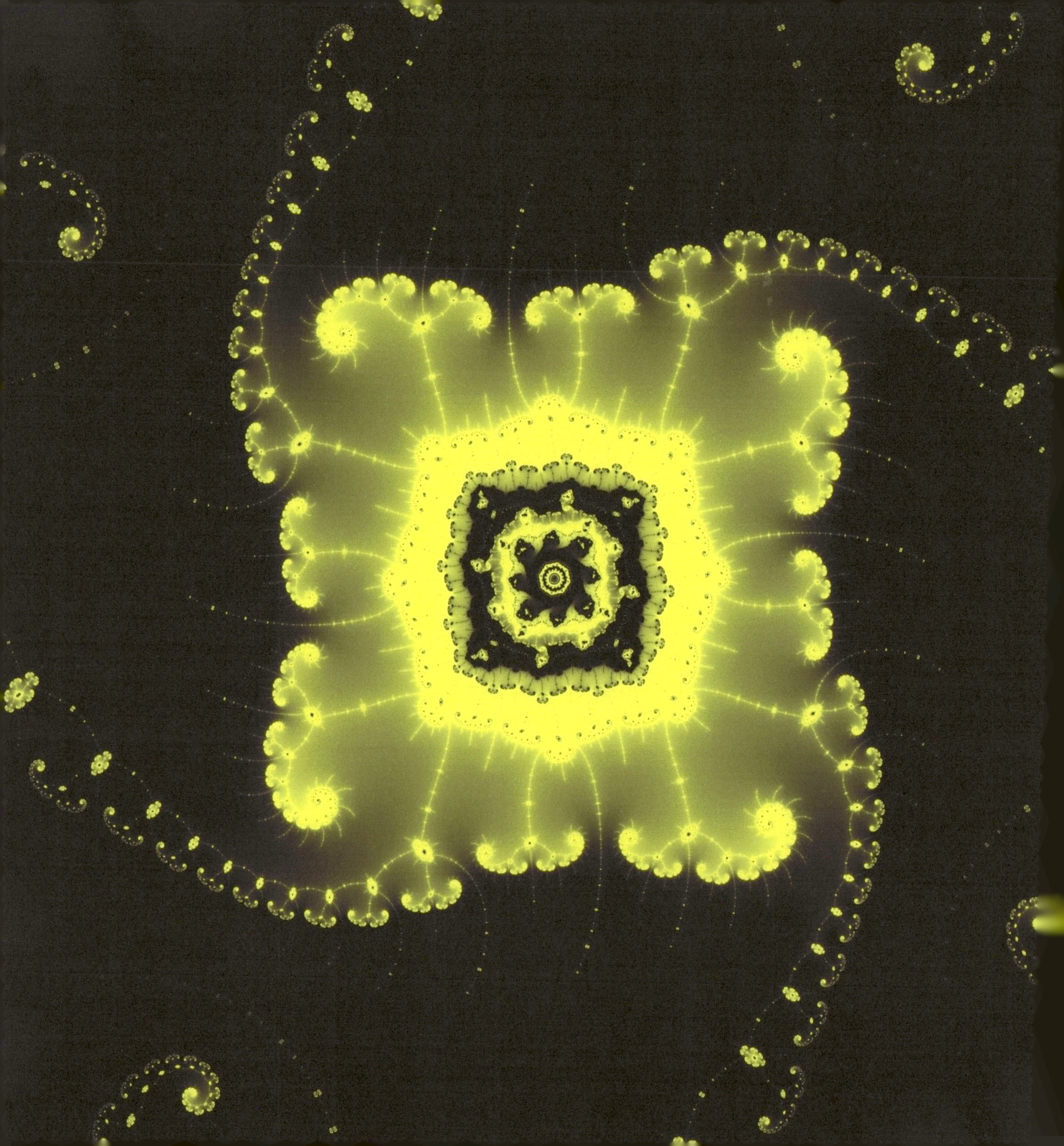

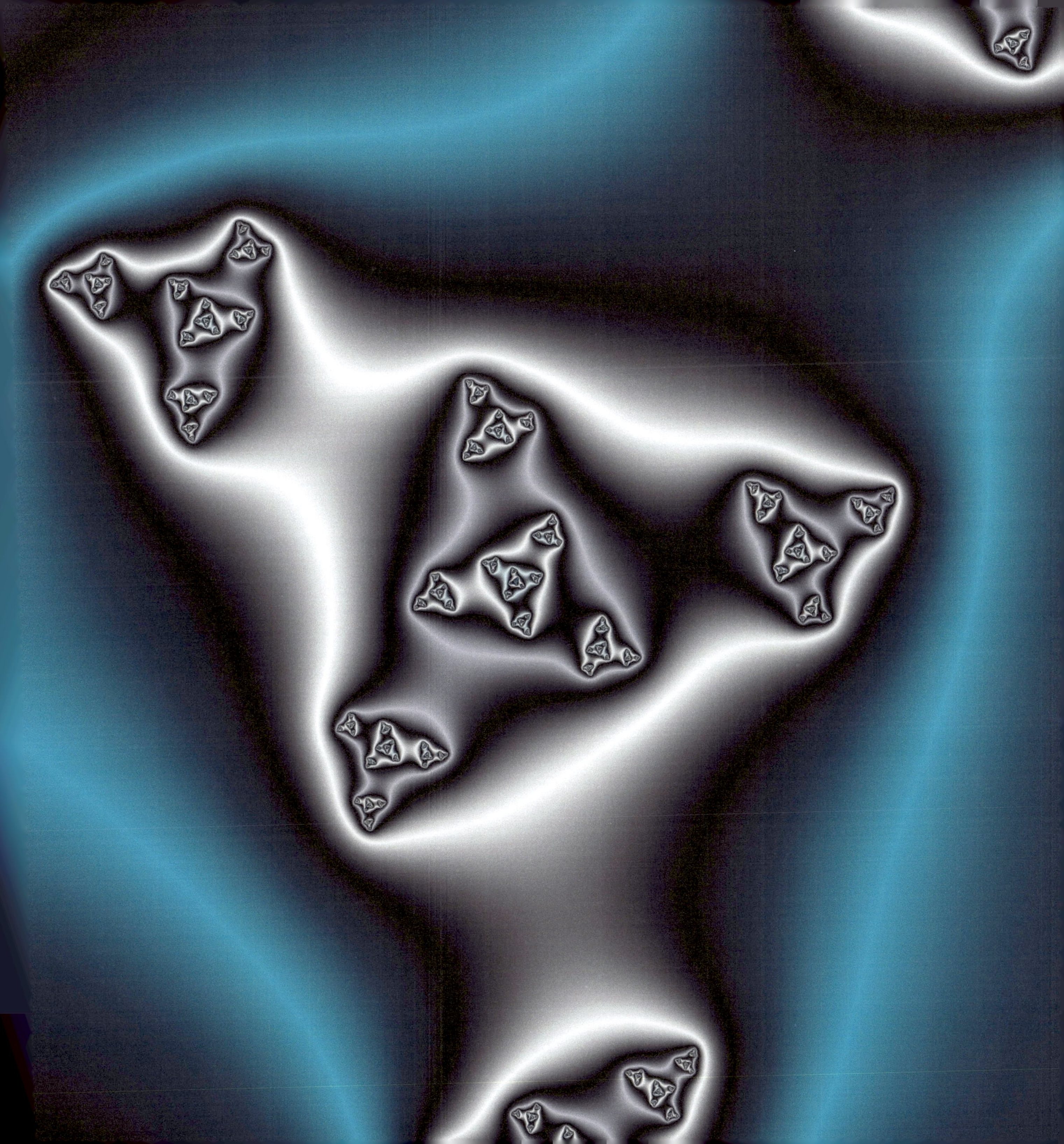

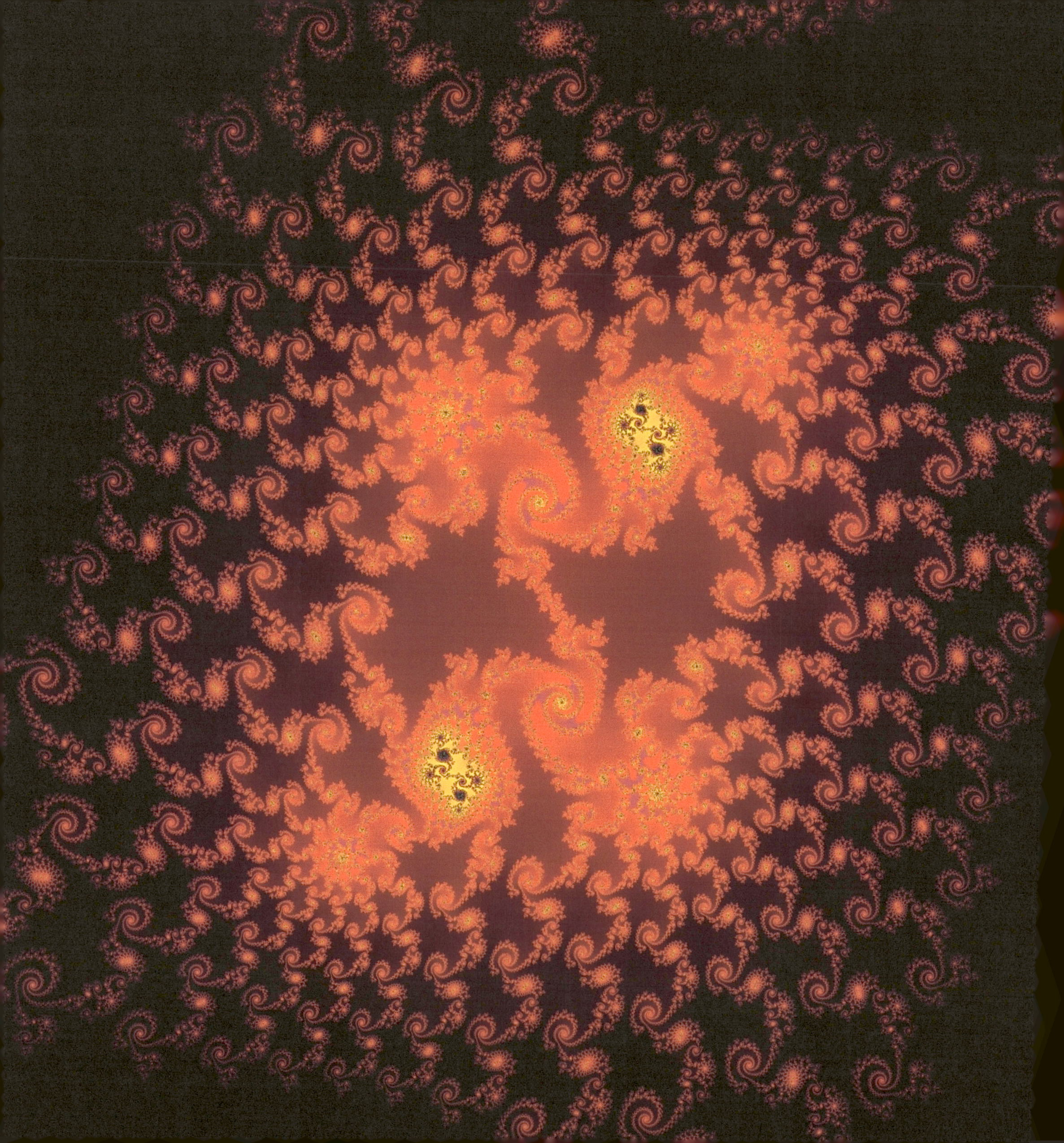

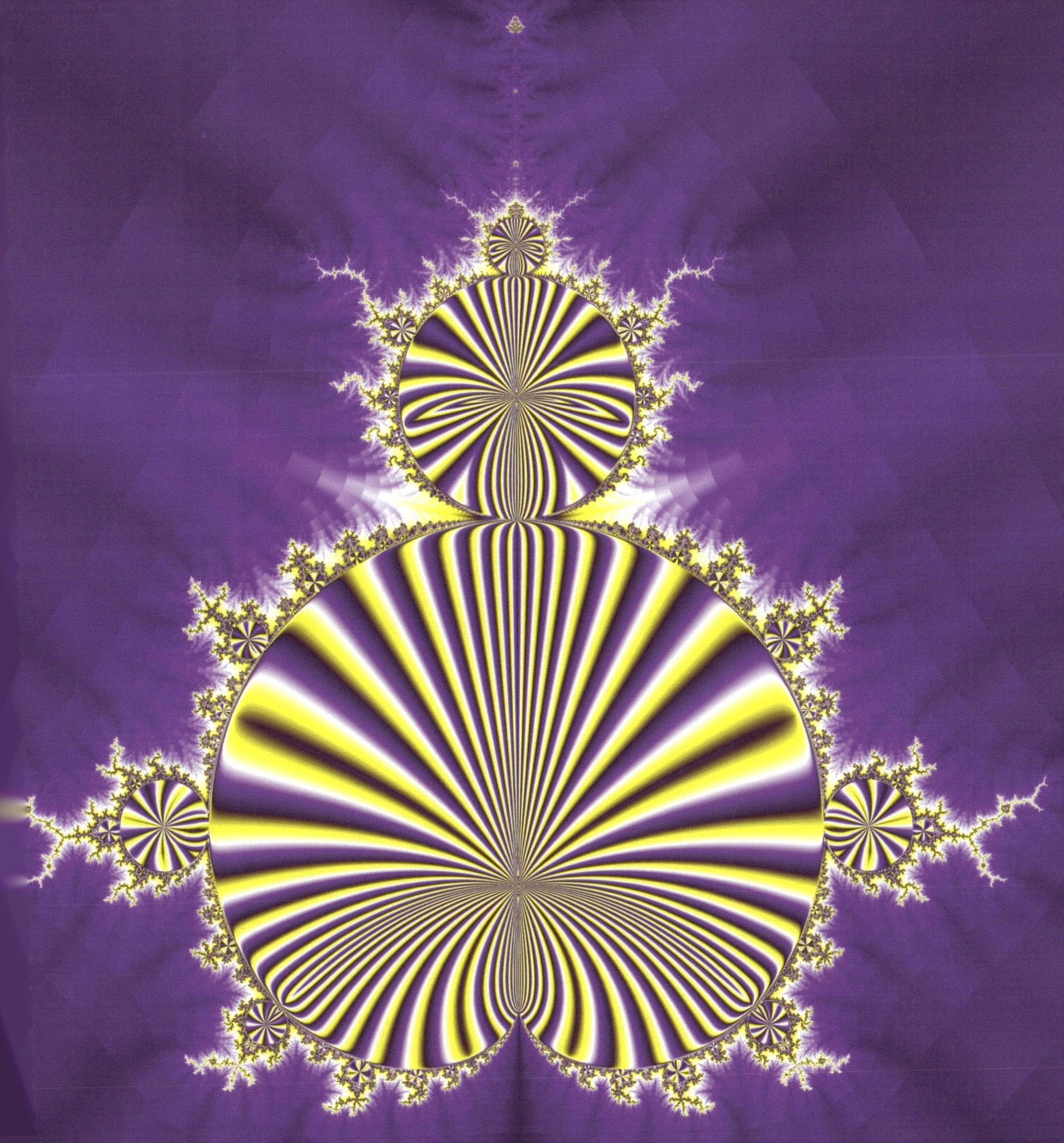

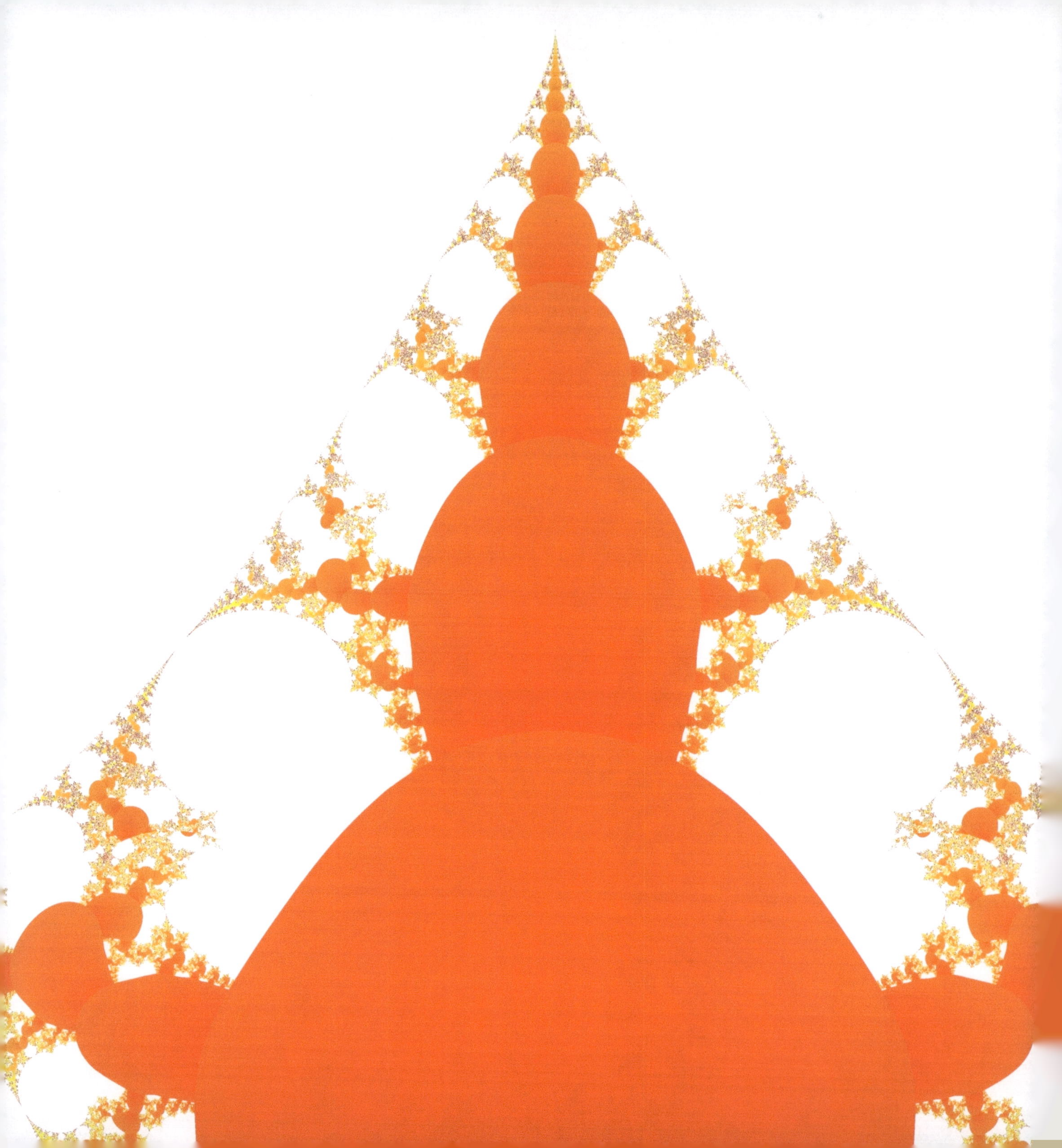

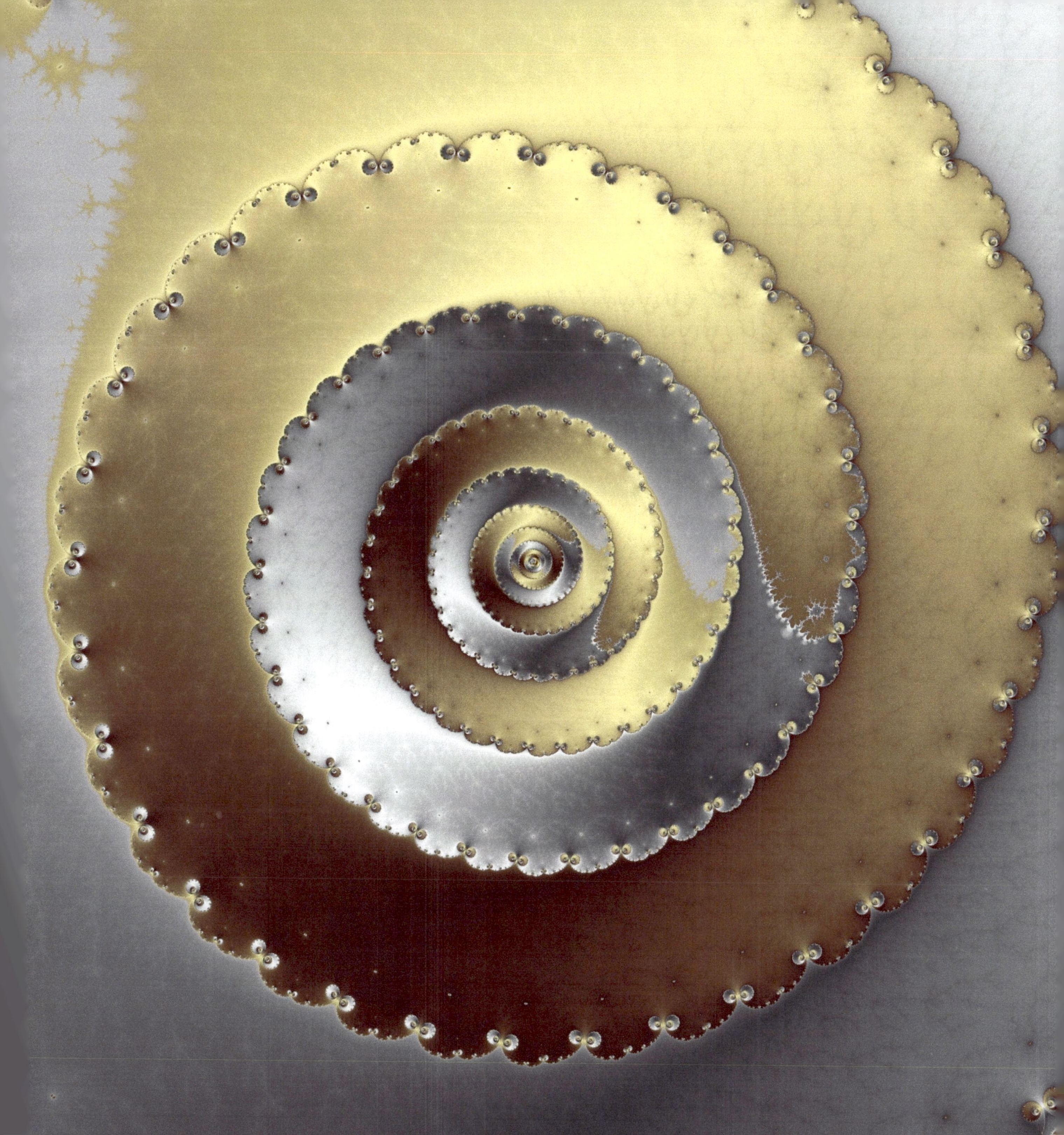

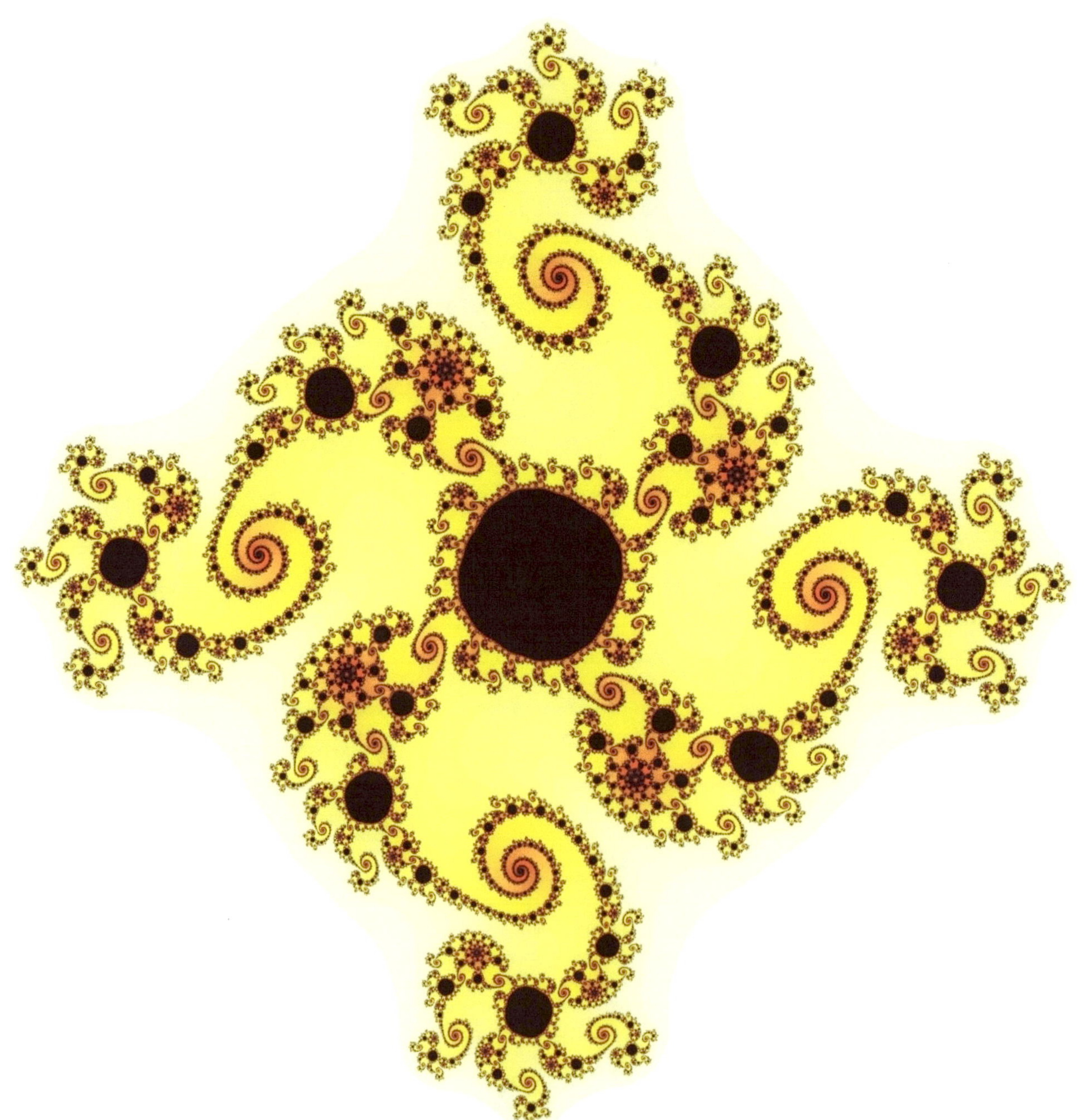

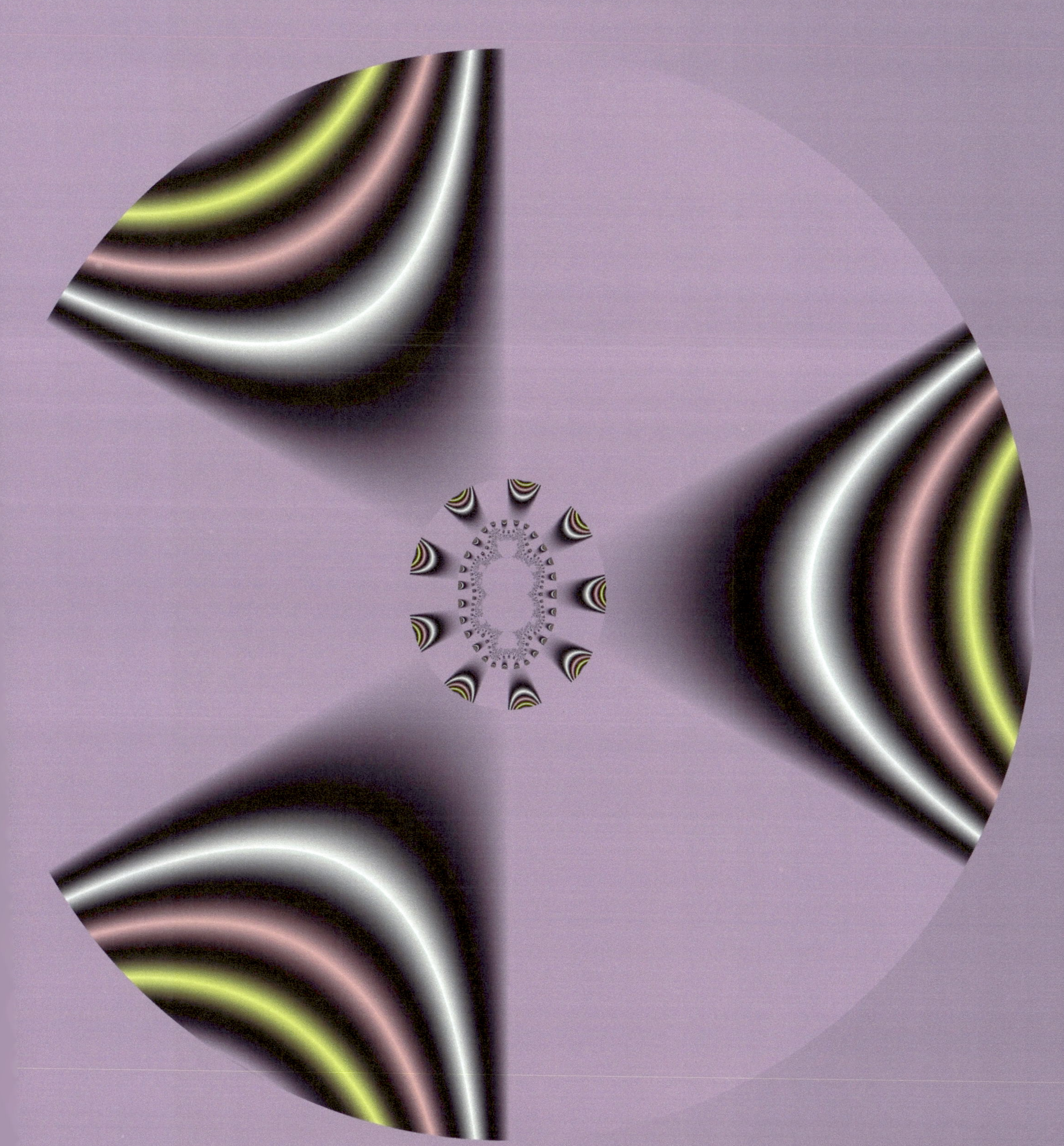

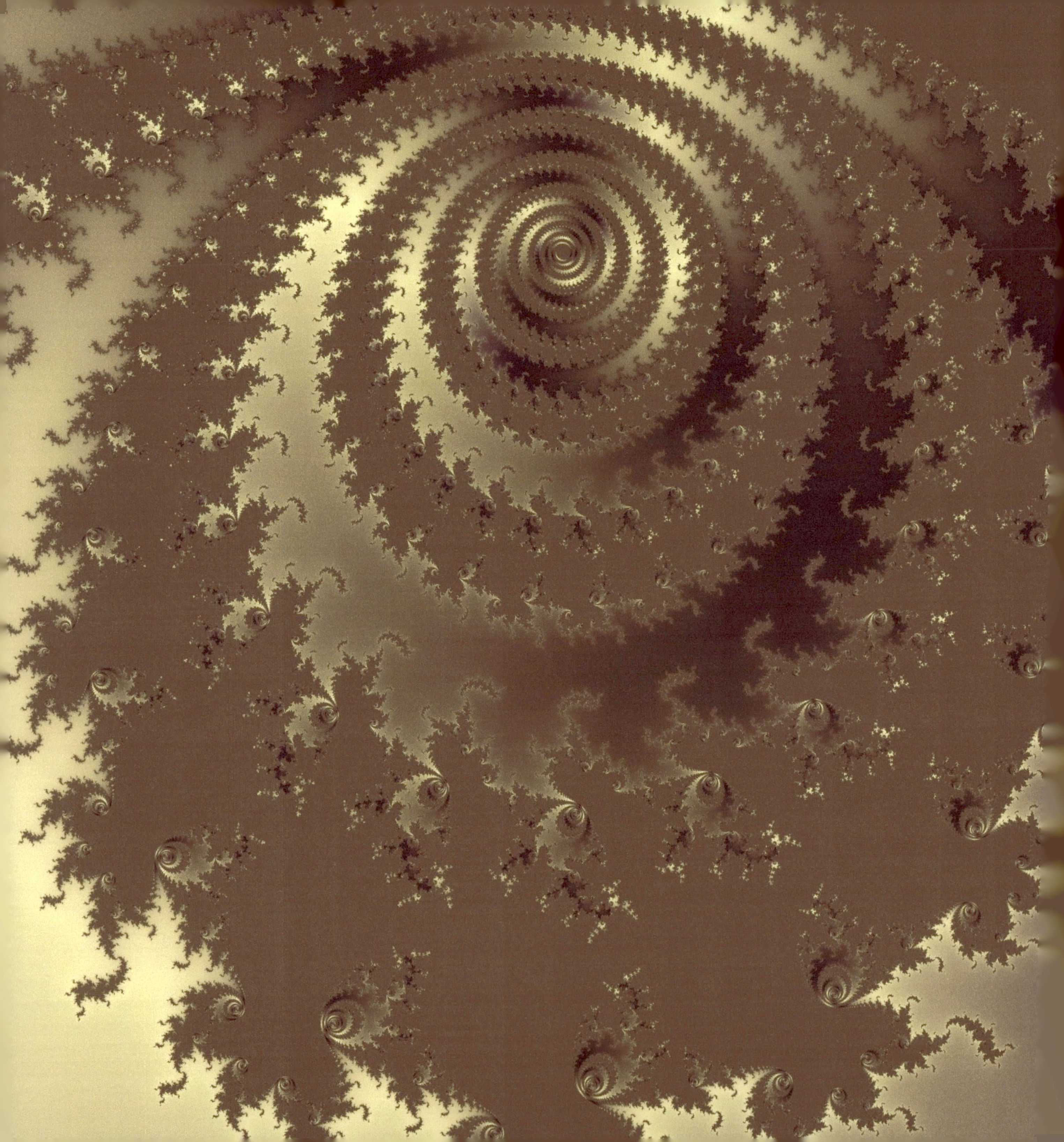

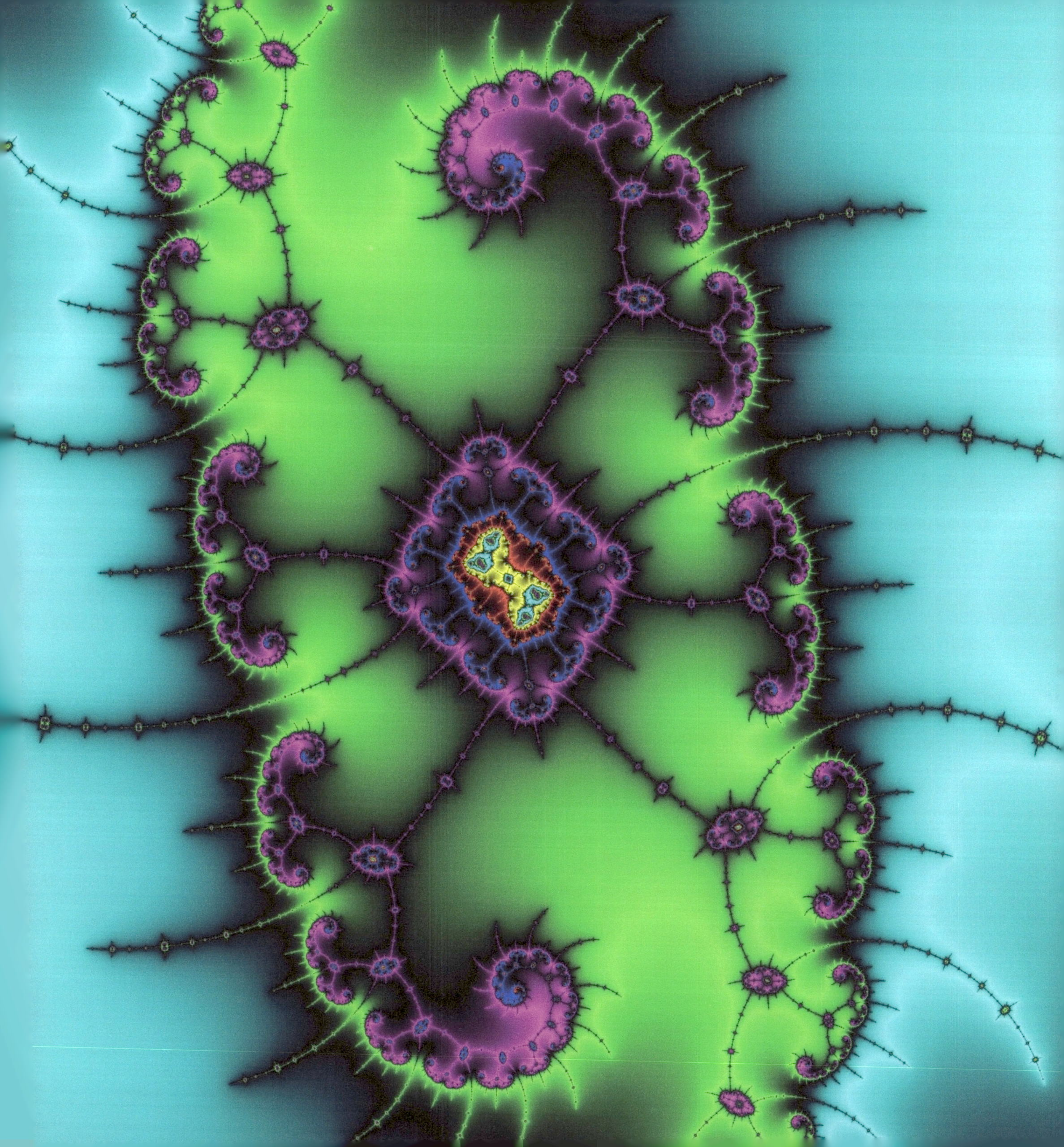

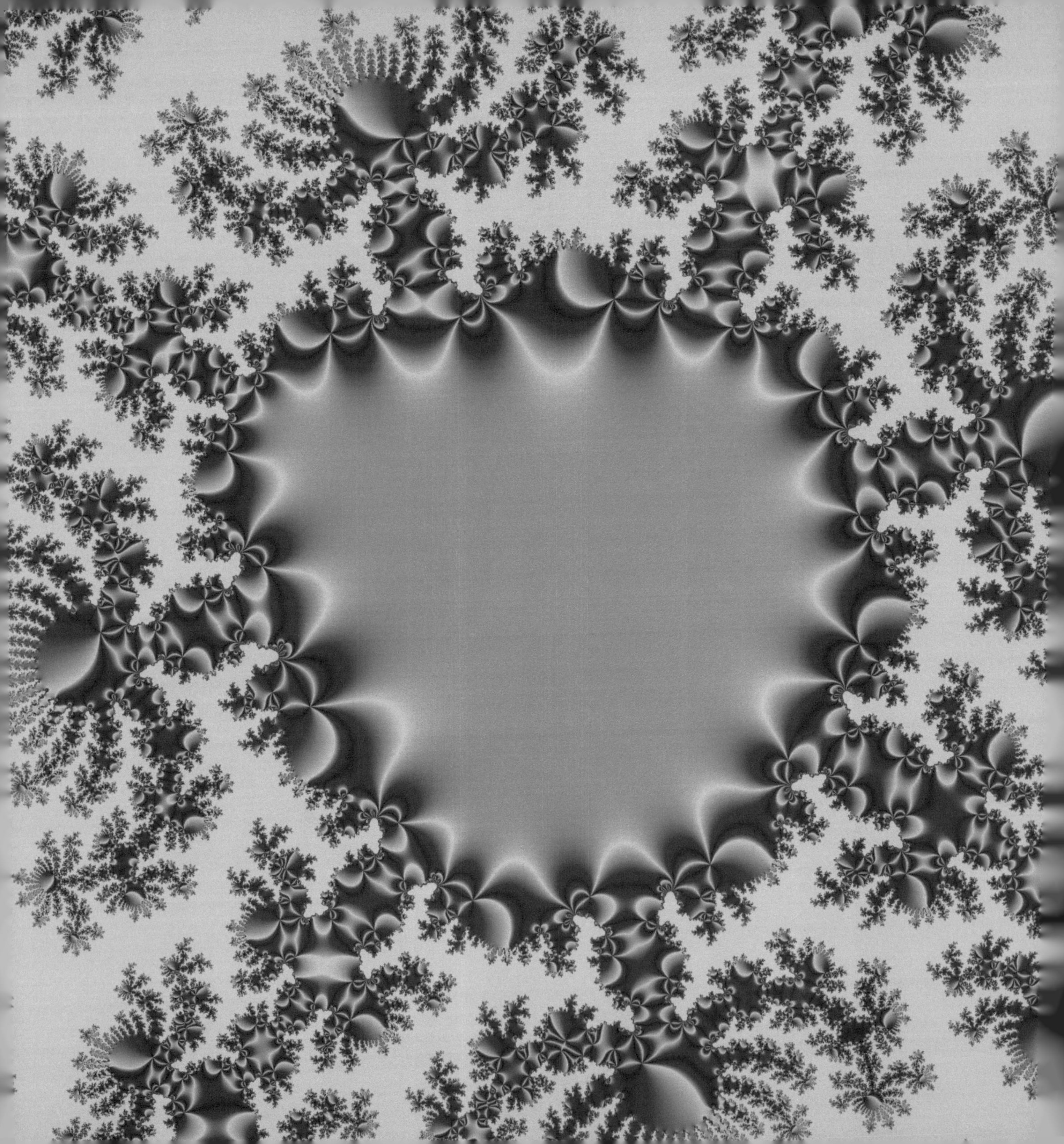

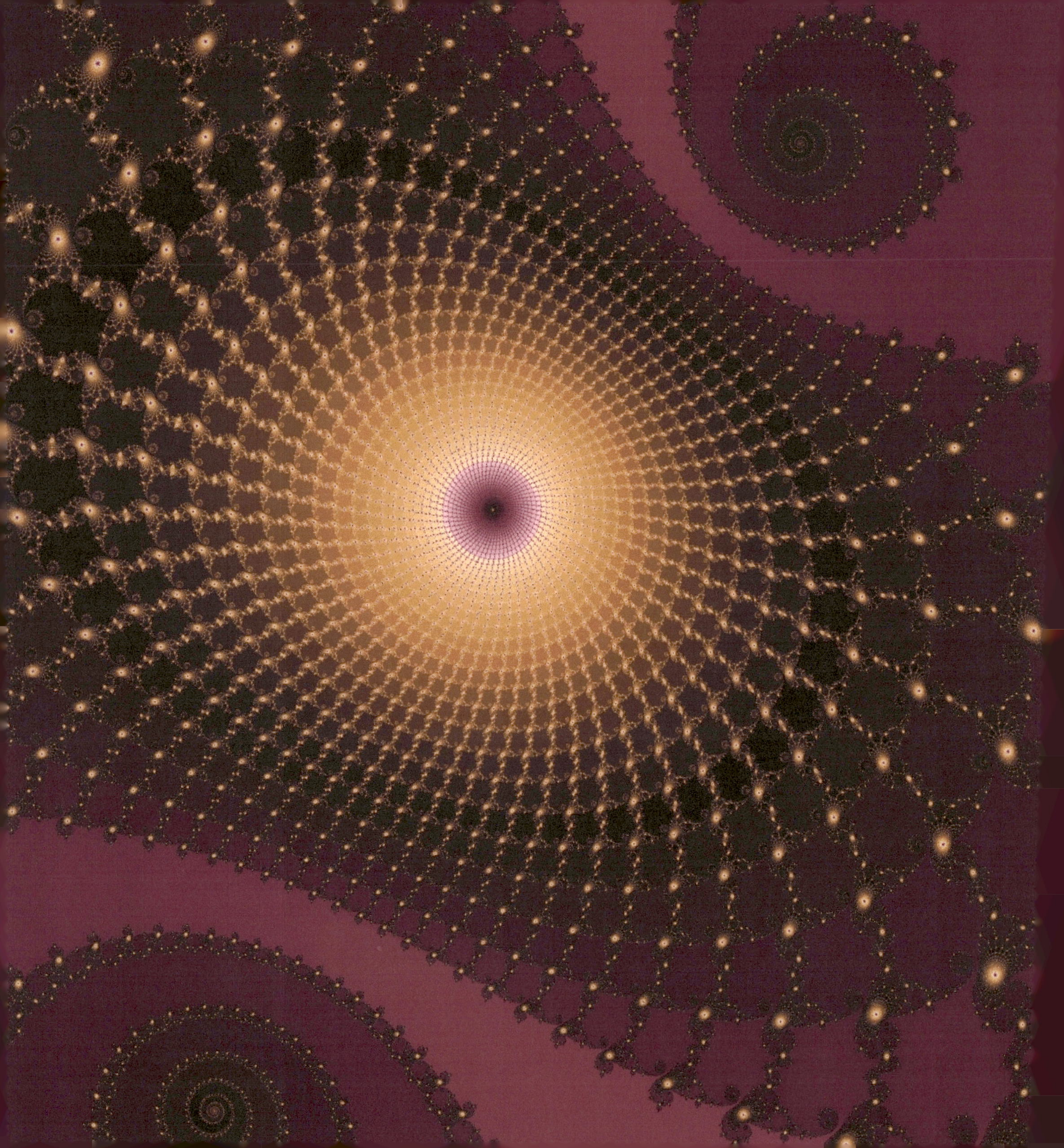

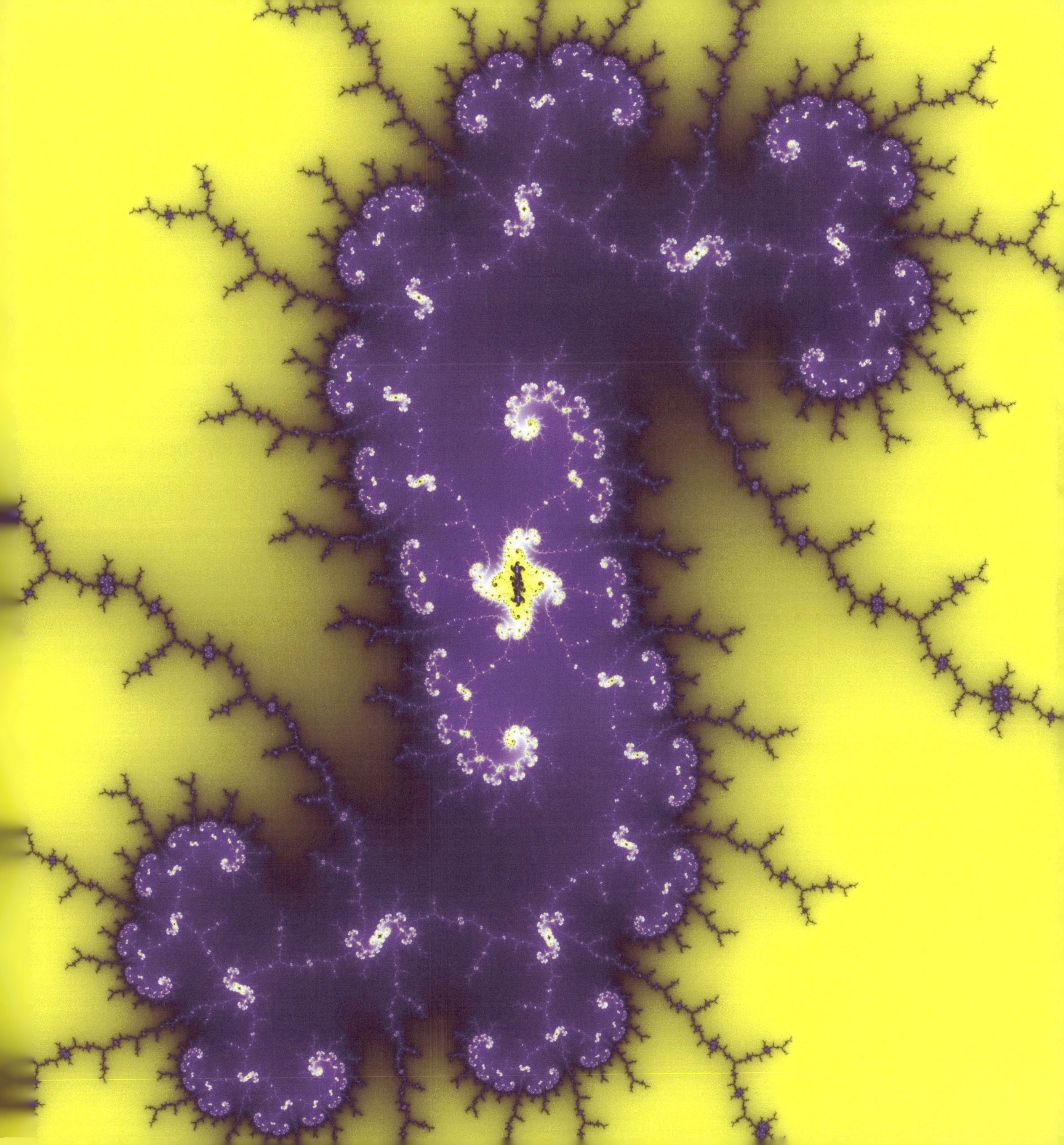

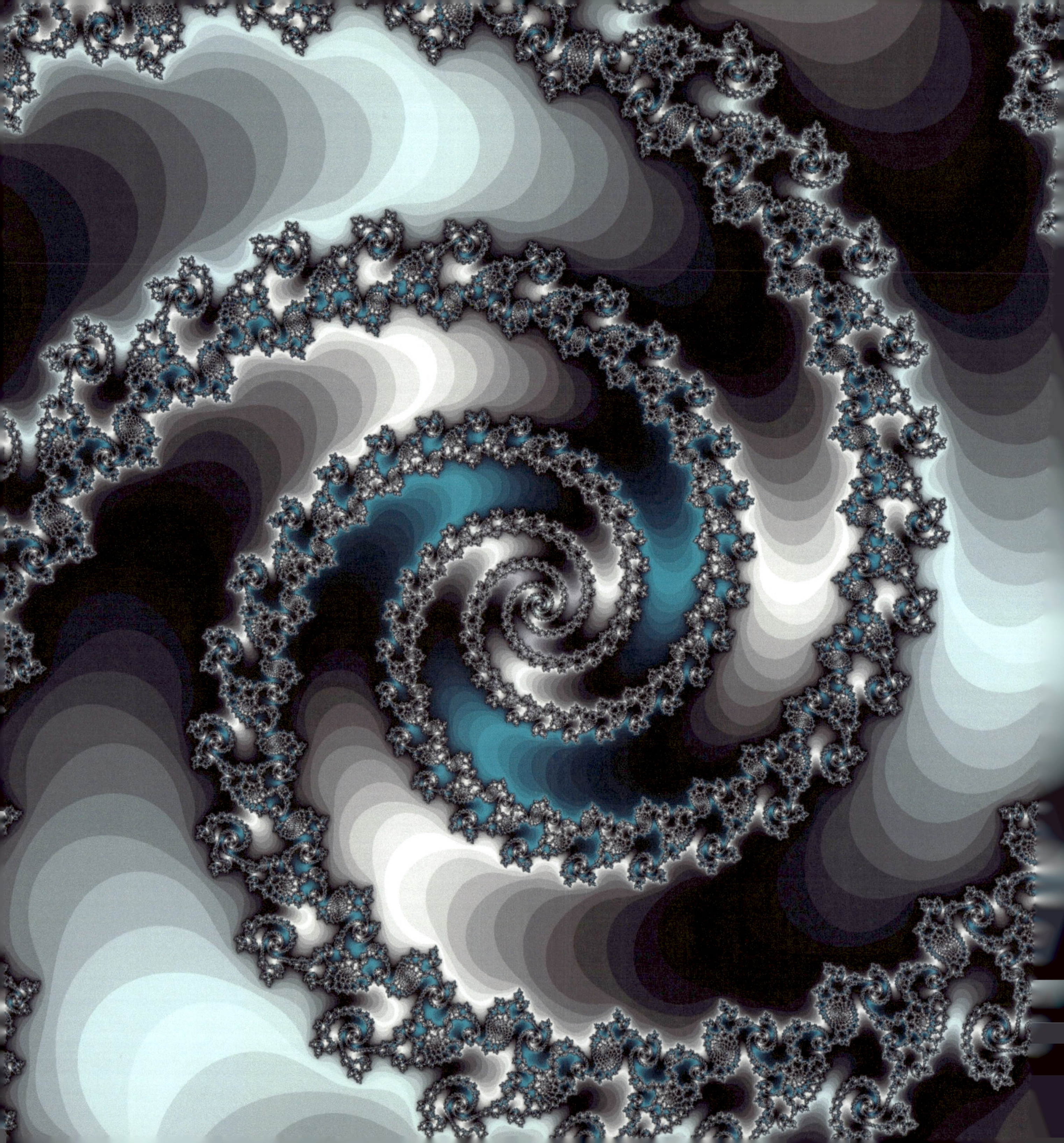

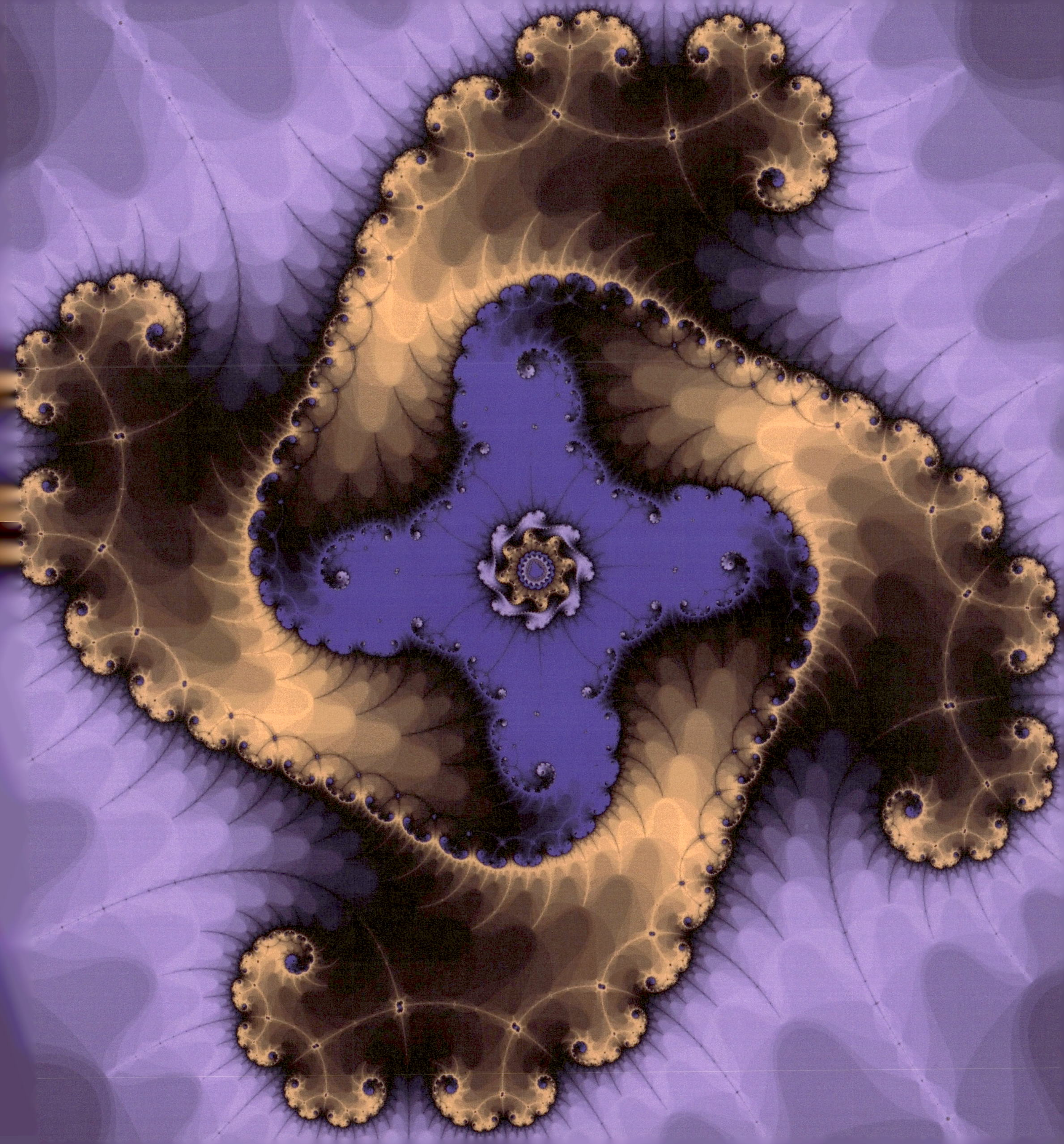

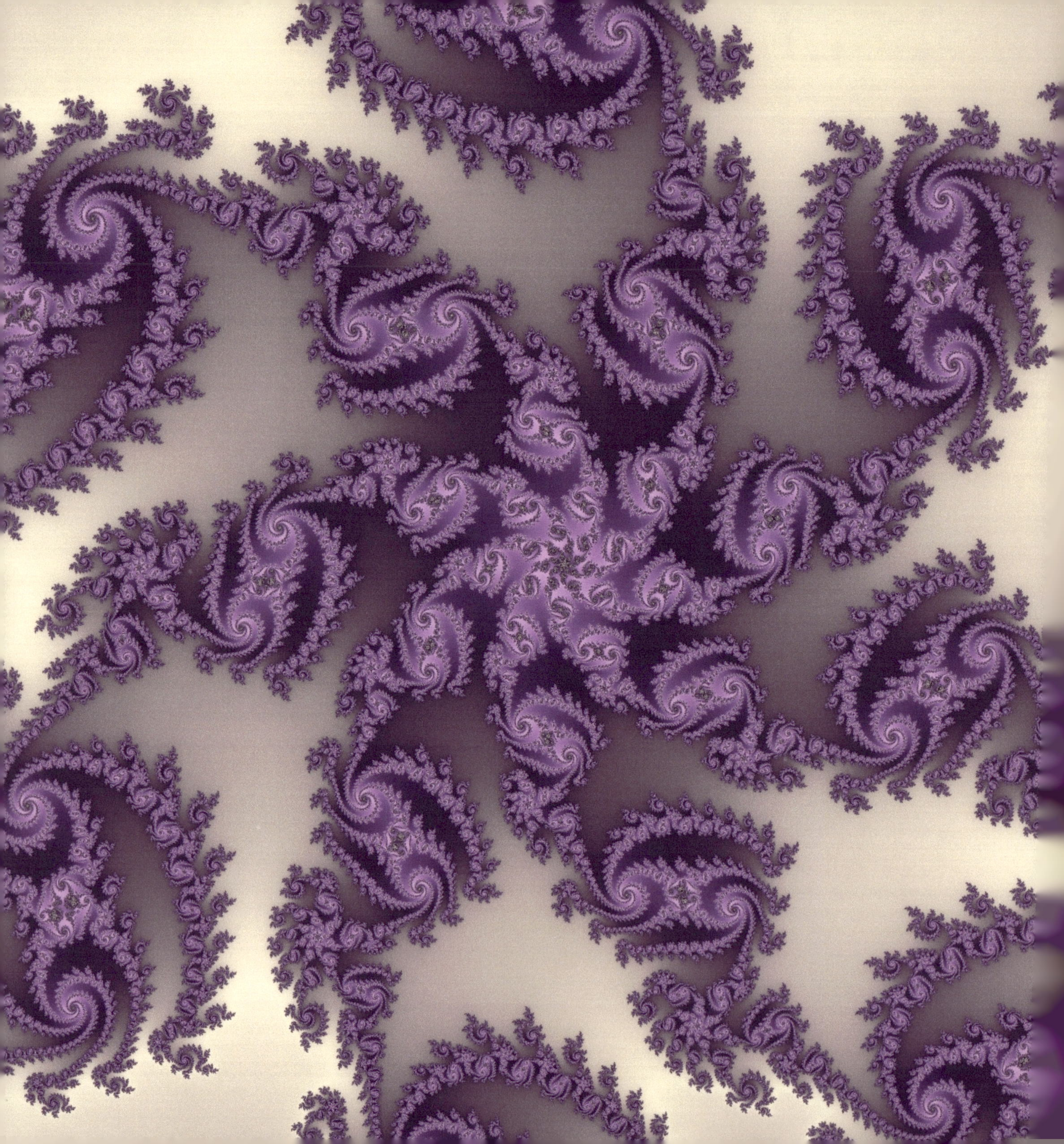

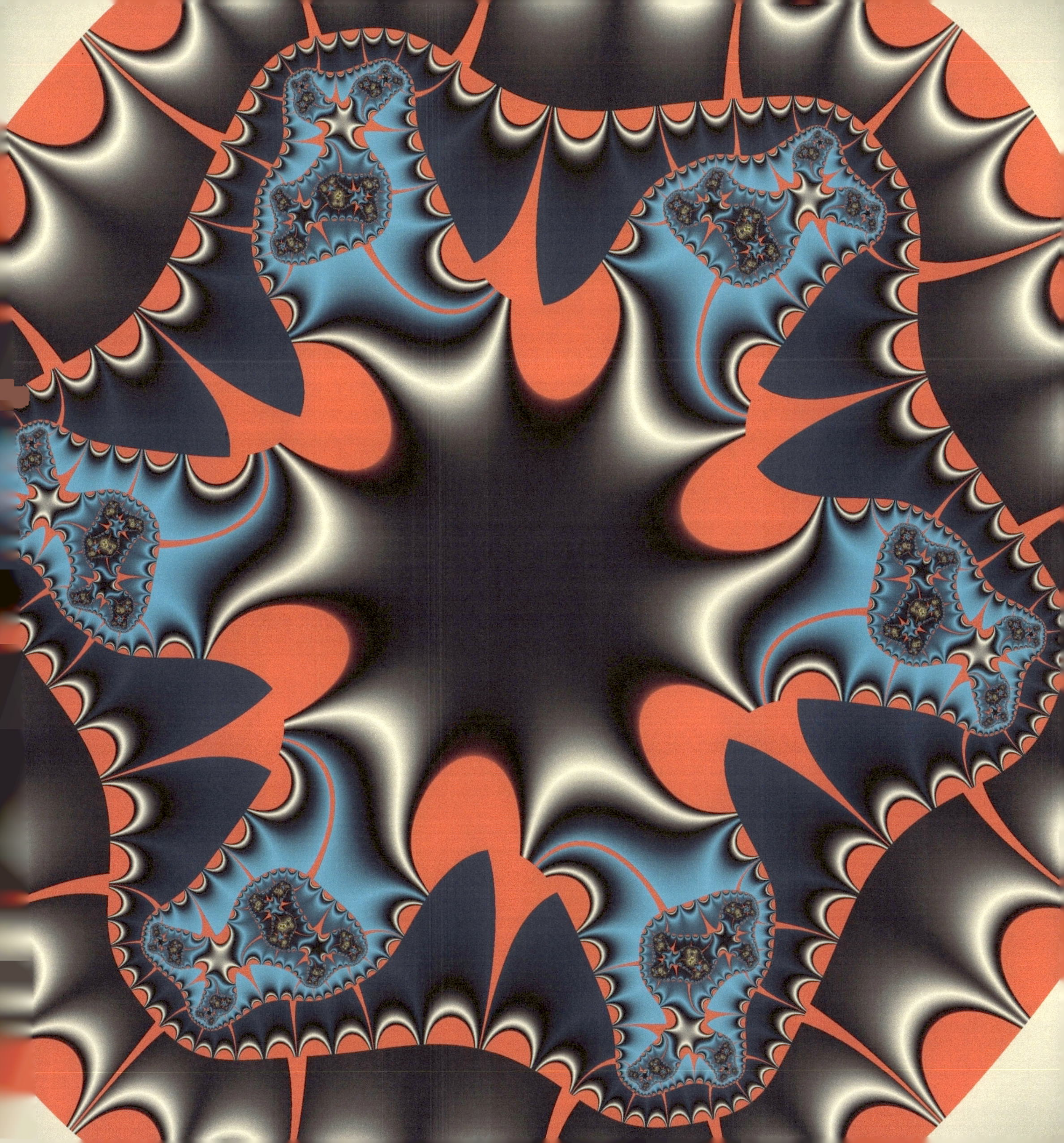

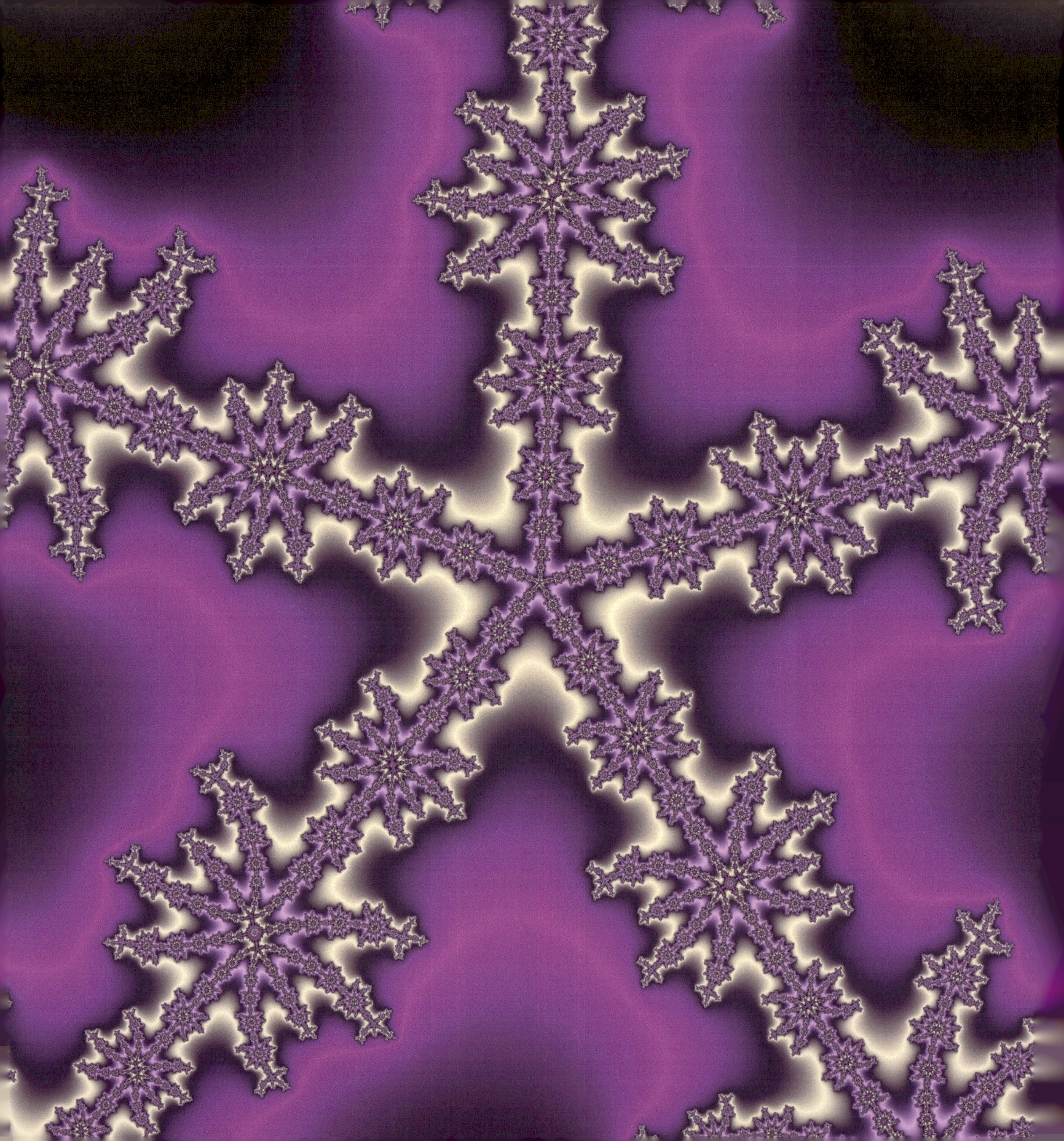

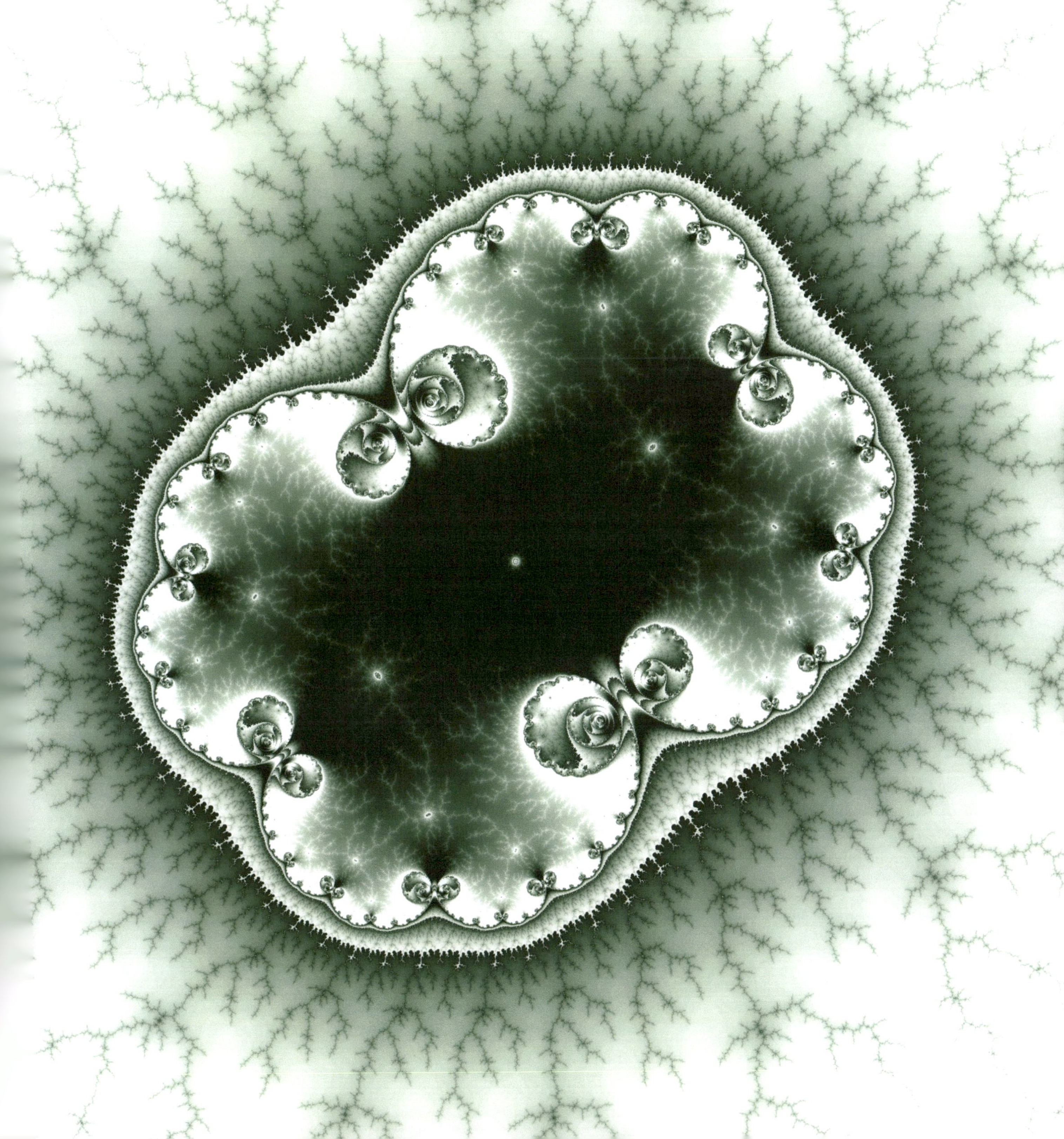

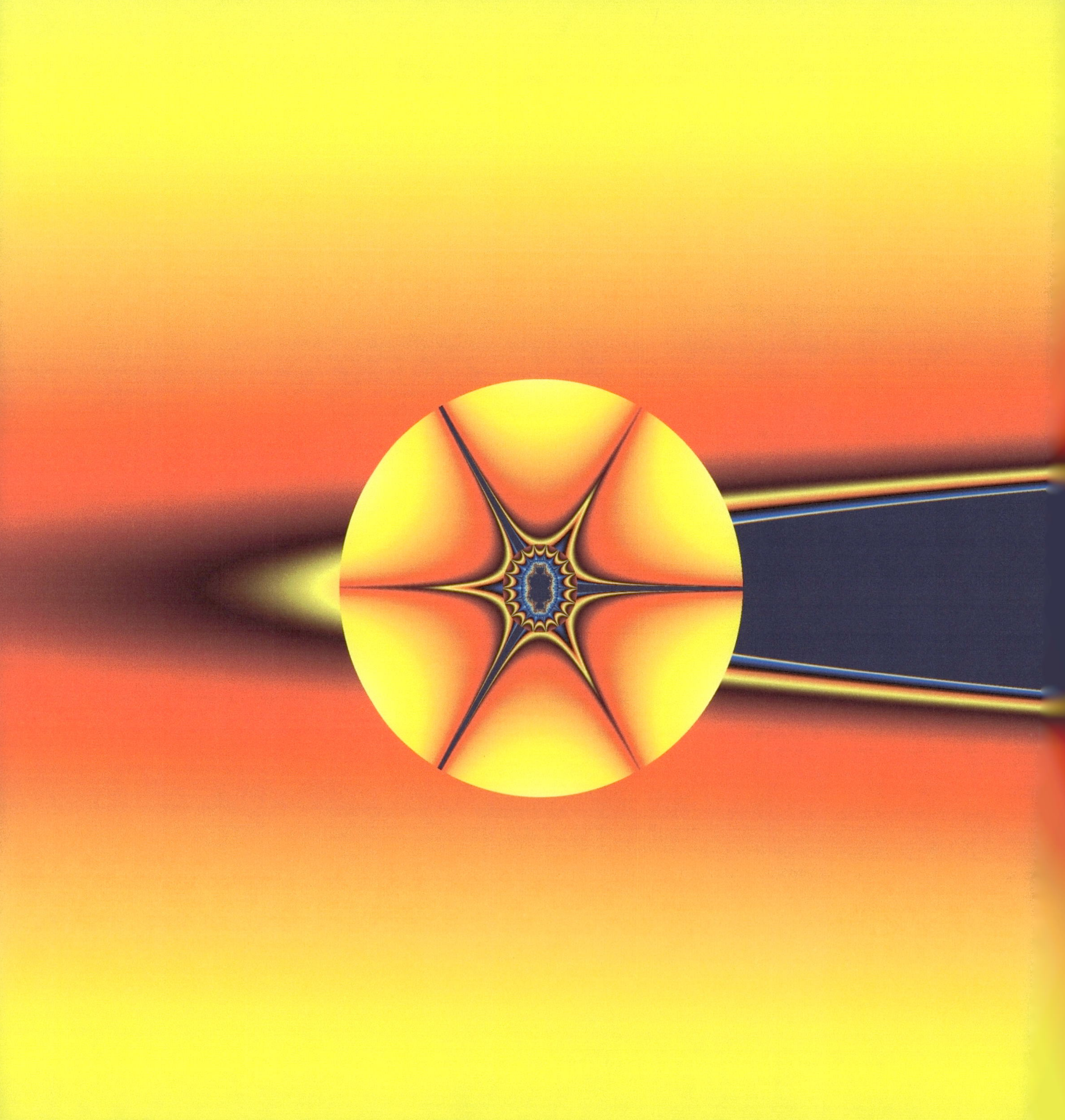

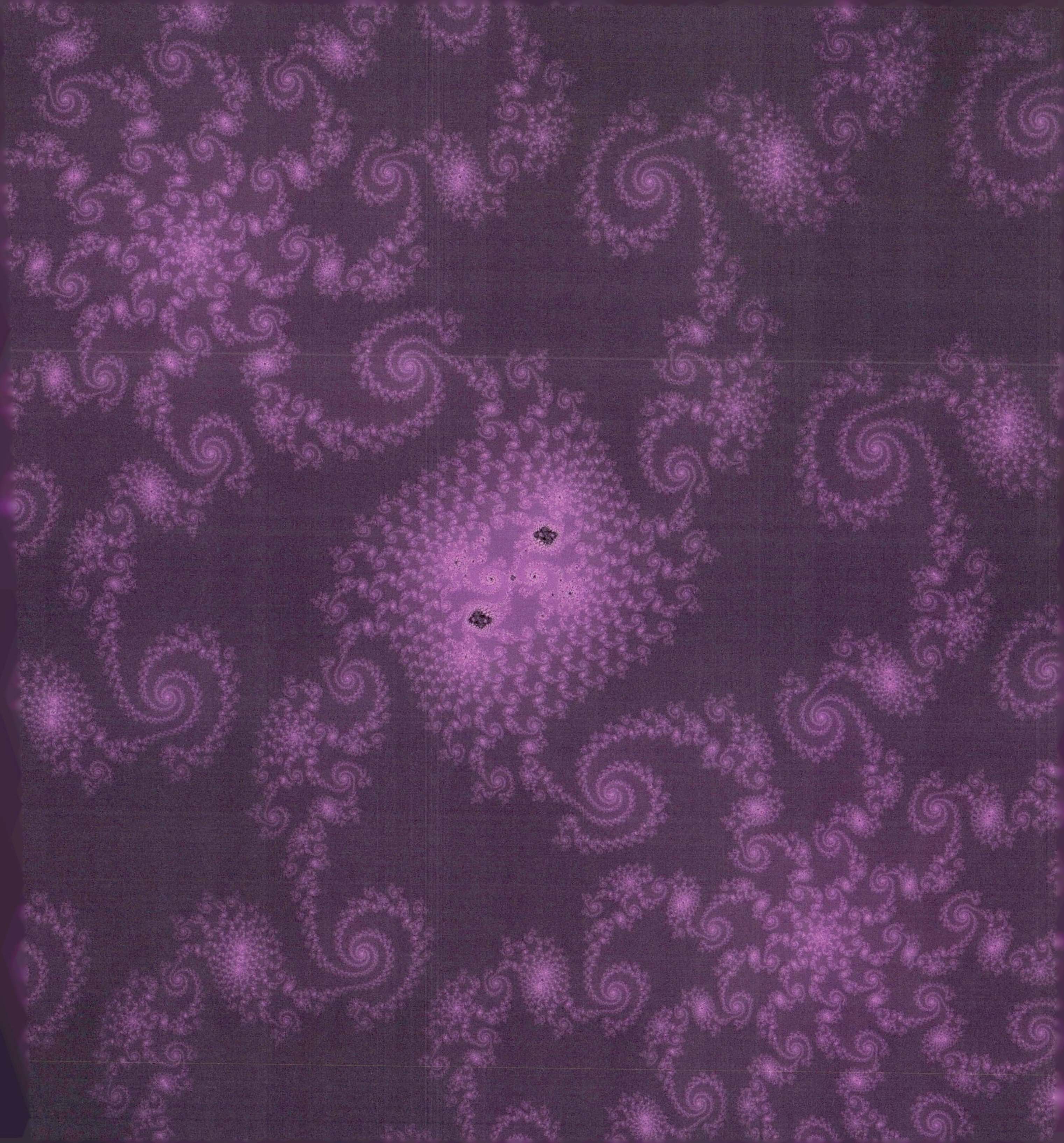

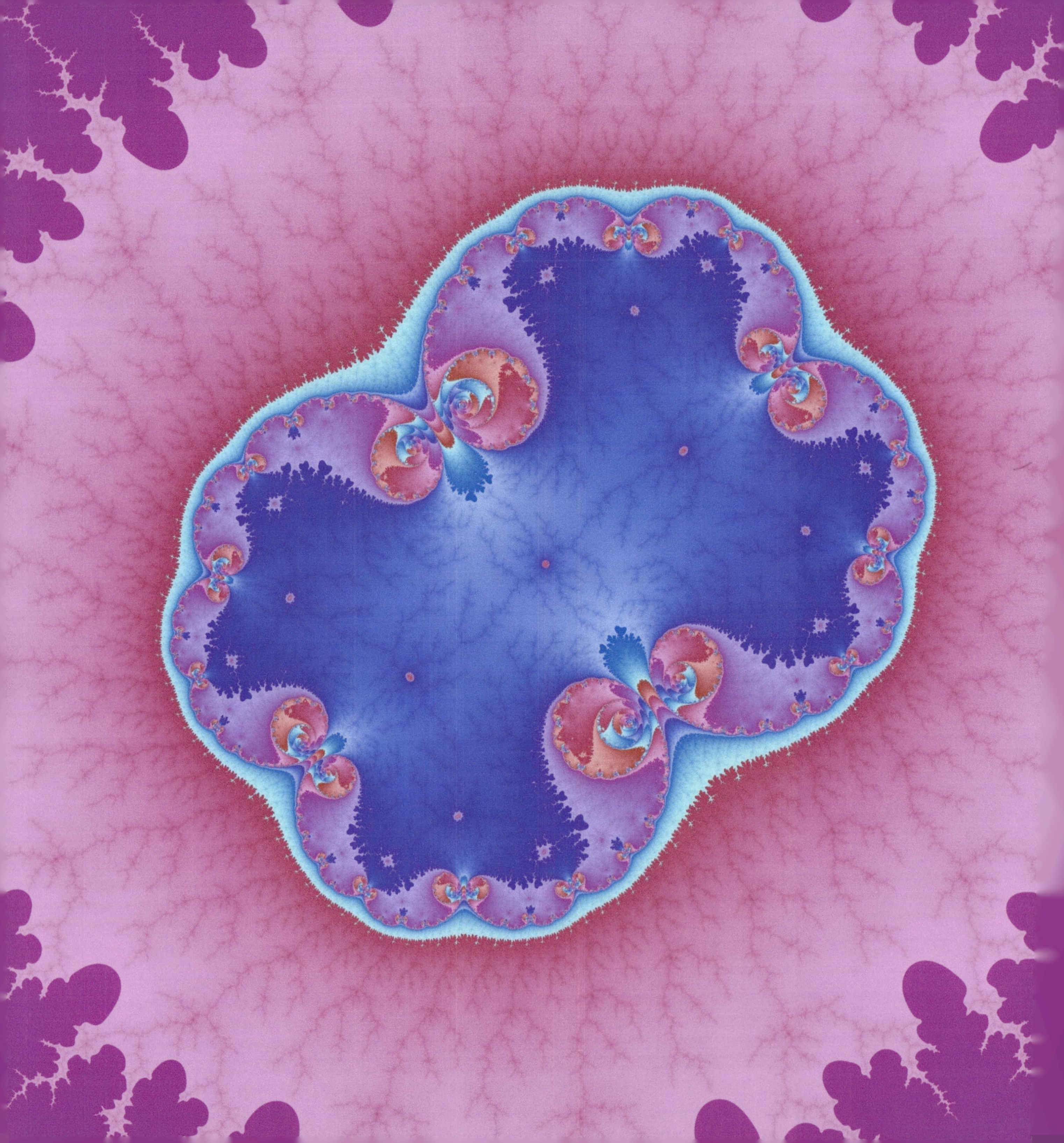

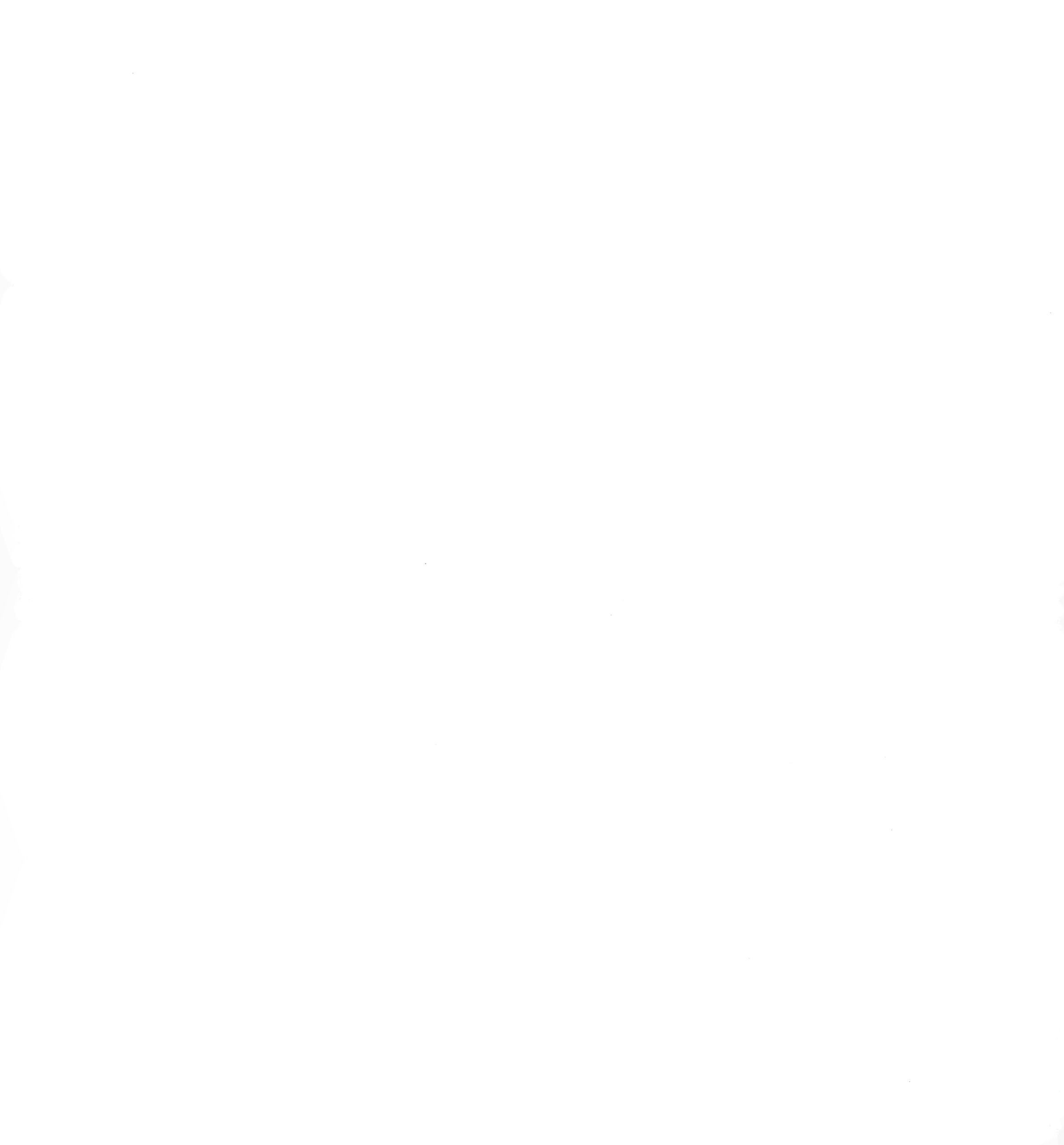

www.ingramcontent.com/pod-product-compliance
Lightning Source LLC
Chambersburg PA
CBHW042120030726
47599CB00002B/280